PATOLOGIA DOS SISTEMAS ELÉTRICOS PREDIAIS

Um guia prático para engenheiros civis e arquitetos

PROF. ENG. ROBERTO DE CARVALHO JÚNIOR

PATOLOGIA DOS SISTEMAS ELÉTRICOS PREDIAIS

Um guia prático para engenheiros civis e arquitetos

Patologia dos sistemas elétricos prediais: um guia prático para engenheiros civis e arquitetos

Editora Edgard Blücher Ltda.

Publisher Edgard Blücher
Editor Eduardo Blücher
Coordenação editorial e produção Jonatas Eliakim
Diagramação Thaís Pereira
Revisão de texto Lidiane Pedroso Gonçalves
Capa Laércio Flenic
Imagem da capa iStockphoto

Blucher

Rua Pedroso Alvarenga, 1245, 4º andar
04531-934 – São Paulo – SP – Brasil
Tel.: 55 11 3078-5366
contato@blucher.com.br
www.blucher.com.br

Segundo o Novo Acordo Ortográfico, conforme 6. ed. do *Vocabulário Ortográfico da Língua Portuguesa*, Academia Brasileira de Letras, julho de 2021.

Dados Internacionais de Catalogação na Publicação (CIP)
Angélica Ilacqua CRB-8/7057

Carvalho Júnior, Roberto de
Patologia dos sistemas elétricos prediais : um guia prático para engenheiros civis e arquitetos / Roberto de Carvalho Júnior. – São Paulo: Blucher, 2023.
106 p.

Bibliografia
ISBN 978-65-5506-407-0

1. Edifícios, estruturas, etc. – Projeto arquitetônico 2. Instalações elétricas I. Título

22-5000 CDD 690

Índices para catálogo sistemático:
1. Edifícios, estruturas, etc. – Projeto arquitetônico

Dedico este trabalho às minhas filhas,
Lívia Beatriz e Maria Luísa de Carvalho,
razão de tudo.

AGRADECIMENTOS

Em especial, agradeço aos colegas, engenheiros eletricistas: Eron Campos Saraiva de Andrade e Geraldo Pansiera Filho, que gentilmente colaboraram na revisão técnica deste guia prático para engenheiros civis e arquitetos.

EPÍGRAFE

Patologia das construções é o campo da ciência que procura, de forma metodizada, estudar os defeitos dos materiais, dos componentes, dos elementos ou da edificação como um todo, diagnosticando suas causas e estabelecendo seus mecanismos de evolução, formas de manifestação, medidas de prevenção e recuperação.

Ercio Thomaz

Pesquisador do Instituto de Pesquisas Tecnológicas (IPT).

PREFÁCIO 1

O professor Roberto de Carvalho Júnior apresenta nesta obra aspectos importantes das instalações elétricas prediais. A preocupação em abordar algumas das principais manifestações patológicas dessas instalações permitirá ao leitor, principalmente engenheiros civis e arquitetos, ficarem atentos sobre a importância de se ter em mãos um projeto elétrico em conformidade com as normas técnicas e elaborado por profissionais habilitados e capacitados, contratar uma mão de obra especializada e, durante a execução do projeto, realizar um rigoroso controle de qualidade dos materiais aplicados nessas instalações.

Este livro é uma valiosa contribuição para prevenir e mitigar o crescente número de incêndios e lesões por choques elétricos decorrentes de irregularidades ocorridas nas fases de projeto, execução, uso e manutenção das instalações elétricas.

Eron Campos Saraiva de Andrade

Engenheiro Eletricista, Mestre em Gestão do Conhecimento e Tecnologia da Informação, Pós-Graduado em Auditoria, Avaliações e Perícias de Engenharia, CEO da ICP Engenharia

PREFÁCIO 2

É muito comum a sociedade civil conjeturar que a função do síndico é manter as finanças do condomínio em dia, os funcionários uniformizados, com salários e leis sociais pagos e ter um fundo de reserva para qualquer emergência. Dessa forma, não imagina todas as funções e obrigações que ele cumprir atender para estar em dia com a legislação específica para condomínios, em que esse profissional responde civil e criminalmente conforme o artigo 1.348, inciso V do Código Civil, acerca dos sinistros e da depreciação do imóvel por falta de gestão das manutenções e de reformas.

Entre tantas funções e obrigações do síndico, uma delas é importantíssima: a manutenção e zelo da edificação, para que se possa assegurar os requisitos básicos dos usuários e transeuntes, no que tange à segurança, à habitabilidade e à sustentabilidade.

Esperamos que este trabalho possa sensibilizar pessoas comuns, condôminos, condomínios, magistrados e advogados a respeito da importância da manutenção predial.

Atuando em consultorias técnicas em condomínios, sempre me deparei com um obstáculo aparentemente sem solução: a falta de discernimento e de conhecimento técnico de engenharia pelos gestores dos condomínios. Isso faz com que, normalmente, os síndicos e/ou administradores optem por terceirizar a resolução de qualquer problema para empreiteiros, que oferecerão suas soluções e seus preços.

A falta de padronização e de análise técnica da parte do condomínio, como também o fato das soluções serem dadas quase sempre por empresas de engenharia, que muitas vezes possuem profissionais qualificados, dá aos gestores a ilusão de que estão sempre tratando com "profissionais capacitados", resultando em decisões baseadas meramente na proposta de menor preço.

Essa sistemática vem trazendo problemas variados aos condomínios, desde a simples perda do capital investido, a não solução ou até mesmo o agravamento das manifestações patológicas, desastres parciais e até desastres totais, como perdas de patrimônio, sonhos e vidas.

A partir da construção de grandes edifícios, lamentavelmente verificamos, ao longo dos anos, acidentes ocasionados justamente porque a segurança estrutural de edificações foi relegada ao segundo plano.

Esse sistema amador de administração adotado por muitos condomínios, que ainda perdura, faz com que os problemas acima descritos, somados à falta de manutenção periódica, sejam utilizados para embasar demandas judiciais contra condomínios, inclusive com interpelações cíveis e criminais contra síndicos e administradores, além de gerar perdas de garantias.

Percebe-se que, na maioria dos casos, não existe má-fé, mas desconhecimento da real função e normais e leis que regem a atuação do síndico. O grande problema sempre foi a dificuldade de buscar esses conhecimentos, pois não existia literatura que mostrasse de forma simples e direta tudo que esse profissional precisa saber para administrar corretamente o condomínio, tanto nas questões gerais quanto em relação à engenharia. Para superar, de uma vez por todas, essa dificuldade, escrevi o livro "Engenharia Condominial", que é de fácil leitura e compreensão.

Quando recebi o convite para fazer o prefácio deste livro ímpar sobre as manifestações patológicas dos sistemas elétricos prediais, fiquei muito lisonjeado e honrado, pois se trata do maior livro já escrito, voltado aos sistemas elétricos prediais para a engenharia condominial, que conheço. Além disso, o autor é muito ético, amigo e sincero.

De forma brilhante, o professor, engenheiro Roberto de Carvalho Júnior utilizou toda a sua experiência e conhecimento a respeito dos sistemas elétricos prediais, para condensar de forma simples e objetiva, em um único livro, todas as informações necessárias a fim de que as pessoas envolvidas possam aplicá-las na prática, gerenciando o condomínio de forma correta e precisa, no dia a dia.

É uma leitura indispensável para engenheiros, arquitetos, síndicos, profissionais ou amadores, interessados na gestão de condomínios, administradores e incorporadores, devendo este livro ficar sempre nas cabeceiras desses profissionais, servindo de fonte de consulta permanente a fim de realizar a correta gestão dos sistemas elétricos prediais.

Esperamos que esse trabalho possa sensibilizar pessoas comuns, condôminos, condomínios, magistrados e advogados a respeito da importância da manutenção predial.

Brasília-DF, 11 de maio de 2022[1]

Mário Amorim Galvão Júnior

Mestre de Direção, Desenho e Gerenciamento de Projetos pela Universidad Europea Del Atlántico de Espanha. Pós Graduado em Gestão de Projetos pela Fundação Getúlio Vargas. Professor e Coordenador de Pós Graduação em Engenharia condominial. Engenheiro Civil.

1 Data comemorativa do 11º aniversário do meu filho Luiz Gustavo, que espero, no futuro, também saiba reconhecer a importância do trabalho dos engenheiros brasileiros.

PALAVRAS INICIAIS

A elaboração do projeto elétrico é o primeiro passo para garantir um sistema elétrico predial seguro e eficiente. Ele é responsável por determinar a quantidade de energia que será necessária para abastecer o imóvel, bem como a localização de pontos de tomada, interruptores, luminárias, entre outros elementos. Um projeto elétrico bem elaborado considera as normas técnicas e de segurança, evitando sobrecargas, curto-circuitos, choques elétricos, entre outros problemas.

A qualificação do instalador é igualmente importante. Um instalador capacitado tem conhecimento técnico suficiente para executar o projeto elétrico e garantir a segurança dos usuários do imóvel. Ele sabe, por exemplo, como identificar fios desencapados, realizar emendas corretas, identificar a sequência correta de fios em uma tomada, entre outras habilidades importantes para a instalação elétrica.

Além disso, o uso de materiais de qualidade comprovada é fundamental para evitar falhas na instalação elétrica. Materiais de qualidade inferior, como fios e cabos mais baratos e mal dimensionados, disjuntores de baixa qualidade e interruptores e tomadas de baixo custo, podem apresentar problemas como aquecimento excessivo, curtos-circuitos, sobrecargas e falhas em circuitos elétricos, causando riscos à segurança dos usuários e danos materiais.

Portanto, investir em um projeto elétrico bem elaborado, na capacitação de instaladores e na escolha de materiais de qualidade comprovada são medidas importantes para garantir a segurança e eficiência do sistema elétrico predial.

Pelo fato de as instalações ficarem embutidas (ocultas), pouca importância é dada ao projeto elétrico, sendo muito comum a execução de obras ricas em improvisações e "gambiarras" buscando economizar, práticas estas que, somadas à baixa qualificação da mão de obra, comprometem a qualidade final da obra.

Em quarenta anos de atuação como engenheiro civil, trabalhando na execução, fiscalização e reformas de obras de médio e grande porte, pude constatar vários problemas relacionados ao projeto, execução, emprego de materiais equivocados e mau uso das instalações elétricas prediais.

Contudo, mesmo com um projeto elétrico de qualidade, feito por um especialista e com atestado de todas as normas de segurança, nenhuma infraestrutura elétrica está livre de apresentar defeitos. Por isso, é importante que os moradores e os usuários do sistema elétrico predial percebam essas situações e tomem providências o quanto antes para evitar futuros problemas.

Embora no mercado existam bons livros sobre instalações elétricas prediais, como engenheiro civil e professor de disciplinas de instalações prediais em faculdades de Engenharia Civil e Arquitetura e Urbanismo, pude observar a carência e a importância de construir uma bibliografia que atendesse de uma forma mais prática, didática e simplificada às necessidades de aprendizado sobre patologia em sistemas elétricos prediais.

Foi no decorrer de nosso trabalho profissional e acadêmico, observando e resolvendo problemas afins, que resolvemos fazer uma espécie de cartilha preventiva, de modo a melhorar a qualidade total da obra.

Este livro foi desenvolvido com a finalidade de transmitir a engenheiros civis, arquitetos , estudantes e demais interessados nessas áreas, fundamentos teóricos e soluções práticas sobre manifestações patológicas em sistemas elétricos prediais e suas causas, visando a prevenção de falhas e adoção de medidas adequadas de reparos, bem como ressaltar que o estudo desses problemas não reside somente na atuação corretiva, mas na possibilidade de atuação preventiva, especialmente quando essas falhas têm por causa erros no processo de produção dos projetos de engenharia.

Para a elaboração deste manual, valemo-nos da bibliografia indicada e da experiência conquistada no campo profissional, como engenheiro civil e professor de disciplinas de instalações prediais em cursos de graduação em Engenharia Civil e Arquitetura e Urbanismo.

Cabe ressaltar que boa parte da pesquisa sobre patologia em sistemas elétricos prediais foi realizada em livros do próprio autor, em *sites* e catálogos de fabricantes e *blogs* de empresas que atuam nessa área da engenharia.

Portanto, algumas citações, referências de desenhos e fragmentos de parágrafos importantes, colecionados durante a pesquisa bibliográfica, em navegações pela internet, foram selecionados e parcialmente transcritos.

Uma vez que este trabalho não tem por objetivo formar especialistas em instalações elétricas, a parte relativa a cálculos e dimensionamentos não foi abordada neste texto, que trata somente de manifestações patológicas em sistemas elétricos prediais. Na produção deste material, é importante registrar a valiosa colaboração dos engenheiros eletricistas: Eron Campos Saraiva de Andrade e Geraldo Pansiera Filho, que fizeram a revisão técnica dos tópicos abordados neste manual prático para engenheiros civis e arquitetos.

Com base na regulamentação da Aneel (Agência Nacional de Energia Elétrica), e atendendo as normas ABNT, cada concessionária de distribuição de energia elabora procedimentos e normas específicas de seus padrões de rede, incluindo os padrões de entrada da unidade consumidora. As normas de cada empresa distribuidora estão, normalmente, disponíveis na internet, em suas respectivas *homepages*.

As empresas concessionárias que distribuem energia elétrica no Estado de São Paulo são: ENEL, CPFL, EDP São Paulo, Elektro e Energisa. Neste livro, são utilizadas como referência as normas técnicas da CPFL (Companhia Paulista de Força e Luz).

Aos leitores: apesar dos melhores esforços do autor, do editor e dos revisores, é inevitável que restem pontos a melhorar no texto. Assim, ficarei muito agradecido às comunicações dos leitores que apontem possíveis correções, eventuais enganos ou que contenham sugestões referentes ao conteúdo ou ao pedagógico, as quais que auxiliem o aprimoramento de edições futuras deste livro. Para isso, contactem a editora Blucher ou escrevam diretamente para o autor no endereço eletrônico rcj.hidraulica@gmail.com.

CONTEÚDO

1. **CONSIDERAÇÕES GERAIS** 23

Tipos de instalações elétricas 25

A importância das normas técnicas 25

Defeitos e vícios construtivos 26

Prazos para reclamação de vícios e defeitos 27

Responsabilidade pela reparação dos danos causados 28

Inspeção em sistemas elétricos prediais 30

Laudo para averiguação de instalações elétricas 33

Laudo para o SPDA 33

Laudo de instalações elétricas (LIE) 34

Laudo de aterramento (LA) 34

Prontuário NR 10 34

Manutenção Predial 34

Normas técnicas da ABNT 35

Manutenção em instalações elétricas 35

Manutenção corretiva 36

Manutenção preventiva 37

Manutenção preditiva 37

2. MANIFESTAÇÕES PATOLÓGICAS EM SISTEMAS ELÉTRICOS PREDIAIS 39
Falhas e ausência de projeto 40
Falhas de execução das instalações 41
Emprego de materiais inadequados 42
Desgaste pelo uso das instalações 43
Vida útil dos componentes elétricos 44
Subdimensionamento da rede 45
Padrão de entrada desatualizado 46
Deficiência de pontos elétricos na instalação 48
Deficiência de tomadas 48
Tomadas de uso geral (TUG's) 50
Tomadas de uso específico (TUE's) 51
Quantidade mínima de tomadas em instalações residenciais 52
Quantidade e potencia mínima de TUG's 52
Quantidade e potência mínima de TUE's 53
Quantidade mínima de tomadas em instalações comerciais 53
Mau contato em tomadas 54
Superaquecimento de tomadas 54
Deficiência de interruptores nas instalações prediais 56
Defeitos nos interruptores 57
Defeitos em sistemas de automação residencial 59
Negligência com o grau de proteção (IP) 59
Iluminação insuficiente 61
Métodos para o cálculo da iluminação 61
Carga mínima de iluminação exigida pela NBR 5410:2004 62
Método dos lúmens 62
Método das cavidades zonais 63
Método ponto por ponto 63
Lampadas queimando com frequência 63
Oscilações e queda de energia 65

Ocorrência de sobretensões transitórias – SPDA e DPS 66

Erros comuns na instalação de um SPDA 69

Ausência ou falta de aterramento do sistema elétrico 70

Regras básicas para divisão de circuitos 74

Pontos de luz e tomadas no mesmo circuito 75

Dispositivos de proteção de circuitos 77

- Disjuntor termomagnético (DTM) 77
- Disjuntor diferencial residual (DR) 78

Queda de disjuntores 80

- Práticas inadequadas para evitar a queda de disjuntores 80

Sobrecarga no sistema elétrico 81

Aumento de carga da instalação sem redimensionamento 82

Qualidade da fiação elétrica 84

As diferenças entre os condutores fase, neutro e terra 85

- Fio fase 85
- Fio Neutro 85
- Fio retorno 86
- Fio terra 86

Condutor neutro sobrecarregado 86

Padrão de cores de fios e cabos elétricos 87

- Condutor fase 88

Excesso de condutores em eletrodutos 90

Emendas ou conexões malfeitas entre condutores 91

Fuga de corrente 93

Curtos-circuitos 95

Choques elétricos 96

- Tipos de choques elétricos 97
- Choques elétricos em áreas molhadas 97
- Como evitar choques elétricos 98

Normas aplicáveis em projetos de sistemas elétricos prediais 100

3. REFERÊNCIAS 101

Sites e blogs pesquisados 103

CAPÍTULO 1
CONSIDERAÇÕES GERAIS

A elaboração de um projeto de instalações elétricas requer uma série de premissas para garantir que o projeto seja seguro, eficiente e econômico. Algumas das premissas mais importantes incluem: conhecimento das normas e regulamentações vigentes, como a NBR 5410:2004, que estabelece as condições mínimas necessárias para garantir a segurança das instalações elétricas; conhecimento da carga elétrica demandada pelo edifício, para dimensionar corretamente o sistema elétrico; o tipo de edifício e o uso que será dado a ele, como residencial, comercial, industrial, hospitalar, entre outros, para garantir que o projeto seja adequado às necessidades específicas de cada ambiente; seleção dos materiais adequados; dimensionamento correto dos condutores e dispositivos de proteção; previsão de sistemas de emergência para garantir o fornecimento de energia em situações de falta de energia elétrica e plano de manutenção para garantir que o sistema elétrico funcione adequadamente ao longo do tempo.

Além de um bom projeto, é fundamental contar com profissionais qualificados e experientes e materiais de qualidade comprovada que atendam às normas técnicas e regulamentações vigentes, para garantir que todas essas premissas sejam atendidas e que o projeto seja seguro e eficiente.

A utilização de materiais de baixa qualidade ou inadequados e a falta de capacitação da mão de obra pode causar problemas como sobrecarga, curto-circuito e mau funcionamento dos equipamentos elétricos, além de colocar em risco a segurança dos usuários.

É importante ressaltar que, além de evitar a ocorrência de manifestações patológicas, a escolha adequada dos materiais, pode contribuir para a economia de energia elétrica e a redução dos custos com manutenção e reparos, prolongando a vida útil do sistema elétrico.

Boa parte de choques elétricos, curtos-circuitos e incêndios são causados devido a alterações, acréscimos e adaptações malfeitas. Isso ocorre, pois, na maioria das edificações brasileiras, os reparos ou manutenção na rede elétrica são feitos somente quando surgem problemas ou quando há necessidade de expansão.

Apesar de parecer simples, a instalação ou alteração da rede elétrica deve ser feita sempre por um profissional habilitado e capacitado. Por isso, alguns indícios merecem atenção e devem ser informados para o profissional, como:

- aquecimento dos interruptores e tomadas;
- aquecimento da fiação dos aparelhos;
- lâmpadas que queimam com curta vida útil;
- equipamentos que deixam de funcionar e depois voltam;
- disjuntores que desarmam constantemente;
- ligação de um aparelho que obriga o desligamento do outro ou provoca queda de tensão nas instalações elétricas;
- conta de energia que apresente elevação significativa.

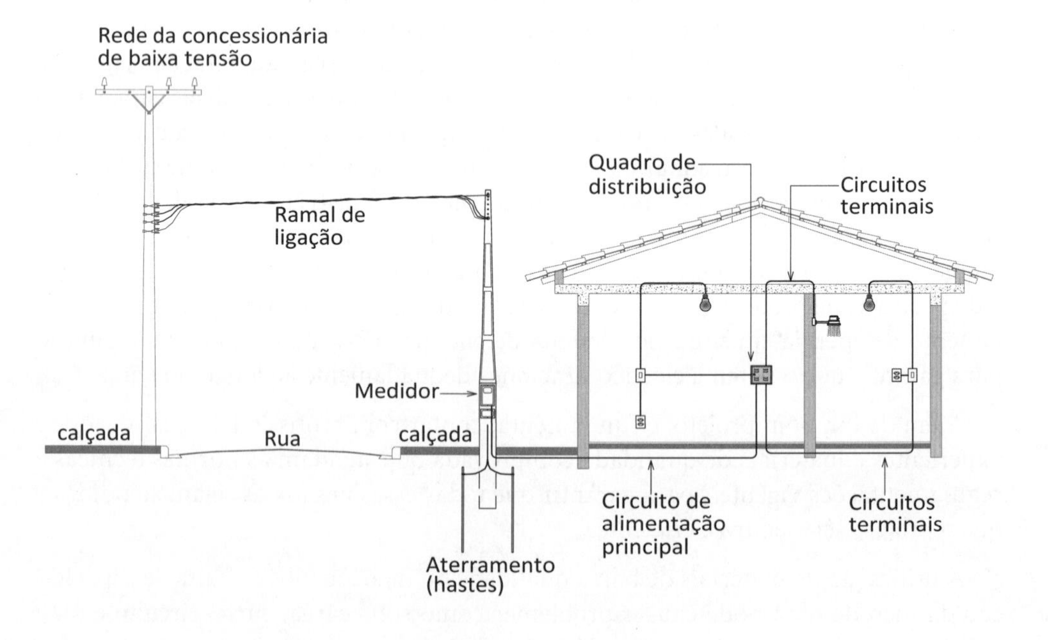

Figura 1.1 Instalação elétrica residencial.

Fonte: Prysmian.

TIPOS DE INSTALAÇÕES ELÉTRICAS

É importante ressaltar que as instalações elétricas não são iguais, ou seja, não são universais, elas variam de acordo com as necessidades. Basicamente, existem três tipos de instalações elétricas: residencial (predial), comercial e industrial.

As instalações elétricas residenciais ou prediais são instalações de baixa tensão. Elas são mais básicas e menos complexas, já que seu uso fica basicamente restrito aos interruptores, iluminação e tomadas e motores de baixa potência. Nesse tipo de instalação, os transformadores, em sua maioria, ficam localizados nos postes das vias públicas, rebaixando a tensão vinda da rede da subestação, que está em média tensão (13,8 kV), para, em algumas localizações, 127V (fase/neutro) e 220V (fase/fase) e em outras, 220V (fase/neutro) e 380V (fase/fase) o que é suficiente para alimentar as necessidades de uma habitação residencial.

As instalações comerciais costumam ser de baixa tensão e, em alguns casos específicos, podem ser alimentadas em média tensão. Ela é determinada pelo tipo de carga elétrica que o estabelecimento precisará receber para alimentar os equipamentos elétricos e a iluminação do local.

No caso das instalações industriais, elas são de média tensão e demandam muito mais estudos dos engenheiros. Essas instalações industriais são mais complexas e abrangentes e necessitam de cuidados extremos, como manutenções preventivas e preditivas rigorosas, pois pequenos problemas podem causar grandes acidentes e parar uma produção da indústria, ocasionando prejuízos enormes.

A IMPORTÂNCIA DAS NORMAS TÉCNICAS

As normas são importantes para garantir a segurança e a eficiência do projeto de instalações elétricas prediais, estabelecendo padrões técnicos mínimos e condições necessárias para a realização de uma instalação elétrica segura e adequada. O conhecimento e a aplicação das normas são fundamentais para evitar acidentes elétricos e garantir a qualidade do projeto.

A norma que contém prescrições relativas ao projeto, à execução, à verificação final da obra e à manutenção das instalações elétricas prediais é a ABNT NBR 5410:2004 (Instalações Elétricas de Baixa Tensão - Procedimentos). O objetivo desta norma é trazer um padrão mínimo de segurança, qualidade e regras no que diz respeito à instalação elétrica de baixa tensão de diferentes edificações. O intuito é garantir a segurança de pessoas e animais, evitar acidentes, colaborar para que ocorra o funcionamento adequado da instalação e, consequentemente, a conservação dos bens.

Portanto, se o imóvel estiver em fase de construção, é preciso fazê-la de acordo com essa norma. Por isso, é importante que esse serviço seja feito por um profissional habilitado e capacitado. E ainda, em um imóvel com a construção finalizada, um técnico eletricista deve fazer uma vistoria para verificar se a instalação está de acordo com a NBR 5410:2004 e a rede apresenta algum problema. Seguindo esses cuidados se evita, em grande parte, curtos-circuitos e incêndios por falhas na rede elétrica da edificação.

Entretanto, é importante esclarecer que existe instalações elétricas para diferentes finalidades e, por isso, as regras de segurança precisam se adequar ao espaço e ao uso posterior. Para isso, existem diferentes normas e, cada uma delas, tem um objetivo específico.

A ABNT NBR 5419 passou por uma atualização em 2015 e trata do projeto, execução, manutenção e verificação dos sistemas que compõem a proteção contra descargas atmosféricas, também conhecidas popularmente como para-raios.

Além dessas duas normas, é preciso considerar também a NR 10 - Segurança em Instalações e Serviços em Eletricidade. Trata-se de uma norma regulamentadora, que são determinadas pelo Ministério do Trabalho e Emprego (MTE), que aborda a implementação de medidas de controle e sistemas preventivos.

Em suma, enquanto a NBR aborda a segurança do projeto e de quem vai usar a edificação, a NR determina o que deve ser feito para garantir a segurança do trabalhador.

Além dessas normas, também deve ser consultada a concessionária fornecedora de energia elétrica, que por meio de suas normas técnicas, fixa os requisitos mínimos indispensáveis para ligação das unidades consumidoras, no âmbito residencial, comercial e industrial.

Todas essas normas são importantes e devem ser consideradas não apenas para garantir que as edificações e construções estejam legalizadas, mas também para preservar as vidas dos usuários.

Já a publicação da NBR 15575-1:2013 – Desempenho de edificações habitacionais – foi um divisor de águas na construção civil brasileira, pois obriga as construtoras a conceberem e executarem as obras para que o nível de desempenho especificado em projeto seja atendido ao longo de uma vida útil.

De acordo com o Código de Defesa do Consumidor (CDC), para a realização de qualquer projeto ou execução de obras civis, é obrigatório o respeito às normas técnicas brasileiras elaboradas pela ABNT (Associação Brasileira de Normas Técnicas), e sua desobediência corresponde a uma infração legal, ensejando as sanções cabíveis.

Como o consumidor está amparado no Código de Defesa do Consumidor, o desrespeito às normas elaboradas pela ABNT corresponde a uma infração legal sujeita a sanções.

DEFEITOS E VÍCIOS CONSTRUTIVOS

A ausência de projeto elétrico, a falta de observação das normas pertinentes, bem como a má qualidade dos materiais utilizados e da mão de obra contratada, aliadas à eventual negligencia dos construtores, podem ocasionar vícios e defeitos construtivos e, consequentemente, prejuízos ao proprietário (morador) da edificação.

Os vícios construtivos ocultos em uma instalação elétrica podem gerar riscos de curtos-circuitos, sobrecargas e incêndios, colocando em risco a segurança das pessoas e do patrimônio. Esses problemas podem ser difíceis de detectar e podem se agravar com o tempo, tornando-se um perigo potencialmente fatal.

A norma que fixa as diretrizes básicas, conceitos, critérios e procedimentos relativos às perícias de engenharia na construção civil, definindo o que é vício ou defeito construtivo, é a NBR 13752:1996 – Perícias de engenharia na construção civil.

De acordo com essa norma, vícios construtivos são "anomalias que afetam o desempenho de produtos ou serviços, ou os tornam inadequados aos fins a que se destinam, causando transtornos ou prejuízos materiais ao consumidor."

Defeitos são "anomalias que podem causar danos efetivos ou representar ameaça potencial de afetar a saúde ou segurança do dono ou consumidor". As anomalias podem ser: endógenas (provenientes de vícios de projeto, materiais e execução); exógenas (decorrentes de danos causados por terceiros); naturais (oriundas de danos causados pela natureza e funcionais (provenientes de degradação natural devido ao uso e exposição ao ambiente).

Os vícios e os defeitos podem ser aparentes ou ocultos. São considerados vícios e defeitos aparentes aqueles que são constatados facilmente, que podem ser notados na entrega do imóvel. Os demais são vícios ocultos que diminuem, ao longo do tempo, o valor do edifício ou o tornam impróprio para o uso a que se destina. Quando o imóvel foi entregue, se o consumidor tivesse conhecimento do vício oculto, poderia ter exigido um abatimento no preço ou até desistido da compra. É importante ressaltar que, de acordo com o Código de Defesa do Consumidor, no § 1º do artigo 18, dispõe que se o vício não for sanado no prazo máximo de 30 dias, o consumidor tem três alternativas: a substituição do produto por outro da mesma espécie; a restituição imediata da quantia paga ou o abatimento proporcional do preço.

Os danos, por sua vez, são as consequências dos vícios e defeitos que, na construção civil, afetam a própria obra, ou o imóvel vizinho, ou os bens, ou as pessoas que residem no local, ou, ainda, a terceiros que nada tem a ver com o imóvel.

PRAZOS PARA RECLAMAÇÃO DE VÍCIOS E DEFEITOS

Observar o prazo para reclamar um vício construtivo no sistema elétrico é importante para garantir o direito do consumidor em relação à garantia dos serviços e produtos adquiridos. Esse prazo é definido por lei e, caso não seja respeitado, pode prejudicar a possibilidade de reparação do problema e a proteção dos direitos do consumidor.

Em geral, quando houver vícios ou defeitos de fácil constatação, o consumidor dispõe de 1 ano, após a entrega do imóvel (chaves), para reclamar à construtora responsável pela obra.

Quando se trata de vício e defeito oculto, esse prazo começa a correr a partir do momento em que tal falha é constatada. Após constatada a imperfeição oculta, o prazo é estendido até o último dia do quinto ano, o qual é contado a partir da data de entrega da obra. Já para o defeito que afeta a solidez e a segurança da obra ou a saúde do morador, há entendimentos jurisprudenciais de que esse prazo pode ser ampliado para até 10 anos, contados a partir da entrega das chaves ao consumidor, e não do "Habite-se".

RESPONSABILIDADE PELA REPARAÇÃO DOS DANOS CAUSADOS

O construtor (executor da obra) tem responsabilidade pela reparação dos danos causados, independentemente da existência de culpa; basta haver relação de causa e efeito entre o dano causado e o defeito ou vício que originou esse dano.

O engenheiro responsável pela obra responde apenas se sua culpa for provada. A culpa é definida pelo artigo 159 do Código Civil, que relata o seguinte: "Aquele que, por ação ou omissão voluntária, negligência ou imprudência, violar direito, ou causar prejuízo a outrem, fica obrigado a reparar o dano".

Nesse caso, a reparação dos danos causados exige que se prove que houve ação ou omissão voluntária, negligência ou imprudência. O profissional (engenheiro ou arquiteto) está sob o regime em que a culpa deve ser provada.

Quando da entrega das chaves, o consumidor deve receber da construtora o "Manual de Uso e Manutenção" do empreendimento, bem como as plantas com a colocação correta dos pontos de hidráulica (água e esgoto) e de elétrica (quadro de luz, tomadas e interruptores).

Depois que receber esses documentos, o consumidor torna-se responsável pelo uso e manutenção correta do imóvel. Também é importante ressaltar que caso não siga as instruções recebidas, e disso decorrer em algum dano ao imóvel, ele não poderá reclamar, já que o usou indevidamente. Por exemplo, quando o morador do imóvel fura uma parede sem observar o projeto hidráulico recebido da construtora e acaba perfurando uma tubulação de água. Porém, se a planta estiver errada e o cano não passar pelo local indicado na planta, a responsabilidade pelo dano é do construtor que forneceu a informação incorreta.

Outro exemplo sobre o assunto: quando o morador liga um aparelho de 127 V em uma tomada 220V e queima o aparelho. Porém, se a tomada estiver errada na planta, a responsabilidade pelo prejuízo é do construtor que não se atentou para a voltagem da tomada.

Por outro lado, recomenda-se que as modificações ou reformas de grande vulto, que serão executadas após a entrega do imóvel ao usuário, também integrem os documentos citados, incluindo a discriminação de seu responsável, preferencialmente, com a análise prévia do engenheiro ou construtor do imóvel, a fim de assegurar que as modificações pleiteadas não interfiram ou prejudiquem a edificação.

É importante ressaltar que a responsabilidade da construtora, engenheiros e arquitetos aumentou muito com a publicação da NBR 15575:2021 – Edificações habitacionais – Desempenho. Esta norma está em vigor desde 2013, cuja versão foi atualizada em 2021. Trata-se de um conjunto de normas desenvolvidas com a finalidade de estabelecer um padrão de desempenho mínimo nas edificações habitacionais, visando à qualidade e à inovação tecnológica na construção. Assim, o desempenho está relacionado às exigências dos usuários de edifícios habitacionais e seus sistemas quanto ao seu comportamento em uso, sendo uma consequência da forma como são construídos.

Tabela 1.1 Prazos de garantia recomendados pela NBR 15575:2013

Sistemas, elementos, componentes e instalações		**Prazos de Garantia**				
		Ato Entrega	**1 ano**	**2 ano**	**3 anos**	**5 anos**
Instalações elétricas tomadas/ interruptores/ disjuntores/ caixas e quadros	Material	Espelhos ou acabamentos danificados ou mal colocados	Equipamento (exceto situações que devem ser verificadas no ato da entrega do imóvel)			
	Serviços				Instalação	
Instalações elétricas fios/cabos/ eletrodutos	Material		Equipamento			
	Serviços				Instalação	
Sistema de telefonia e televisão		Funcionamento	Instalação Equipamentos			

(continua)

Tabela 1.1 Prazos de garantia recomendados pela NBR 15575:2013 *(continuação)*

Sistemas, elementos, componentes e instalações	Prazos de Garantia				
	Ato Entrega	1 ano	2 ano	3 anos	5 anos
Sistema de proteção contra descargas atmosféricas		Instalação Equipamentos			
Sistema de combate a incêndio		Instalação Equipamentos			
Pressurização das escadas		Instalação Equipamentos			
Iluminação de emergência		Instalação Equipamentos			
Sistema de segurança patrimonial		Instalação Equipamentos			
Interfones	Funcionamento	Instalação Equipamentos			
Automação de portões	Funcionamento	Instalação Equipamentos			
Elevadores	Funcionamento	Instalação Equipamentos			
Motobombas, filtros	Funcionamento	Instalação Equipamentos			

INSPEÇÃO EM SISTEMAS ELÉTRICOS PREDIAIS

A inspeção predial é importante no sentido de conhecer o real estado de conservação dos edifícios, e tem como finalidade prevenir acidentes, preservando vidas e patrimônio, e evitar manifestações patológicas que comprometam o uso e o funcionamento das instalações prediais. O síndico tem a responsabilidade de garantir a segurança e a manutenção do sistema elétrico do condomínio, incluindo a realização de inspeções periódicas para identificar e corrigir eventuais problemas. Essa responsabilidade é fundamental para garantir a segurança dos moradores e do patrimônio, evitando acidentes elétricos e prejuízos financeiros. As administradoras devem orientar e assumir as responsabilidades do síndico, dando suporte técnico para a elaboração e implantação do "Programa de Manutenção Preventiva".

Segundo o pesquisador do Instituto de Pesquisas Tecnológicas (IPT) do estado de São Paulo, engenheiro, Ercio Thomaz, "é um erro achar que uma construção será eterna sem haver qualquer tipo de intervenção para corrigir o desgaste que os sistemas construtivos apresentam ao longo da sua vida útil". Por essa razão, os edifícios precisam de avaliação periódica e criteriosa em todas as áreas e sistemas.

Na inspeção predial, avalia-se o real estado de conservação e manutenção da edificação, bem como o grau de criticidade das deficiências constatadas. Cabe ressaltar que existem diferentes tipos de inspeções que podem ser realizadas em um edifício. A escolha entre um ou outro modelo depende de alguns fatores como, o grau de profundidade e detalhamento desejado, a finalidade da inspeção predial, as condições do imóvel e a complexidade dos sistemas instalados etc.

O maior problema para a realização desses trabalhos de inspeção reside no fato de que, enquanto alguns municípios preparam leis determinando a obrigatoriedade de inspeção predial, há questionamentos sobre a escassez de profissionais capacitados para realizar esse serviço, o que pode dificultar a implantação dessas iniciativas, pois para preparar um laudo técnico é preciso muito preparo e conhecimento. O profissional capacitado para a inspeção predial é o engenheiro, o arquiteto ou a empresa que presta serviços de conservação e manutenção. O responsável pela inspeção predial deve estar registrado no Conselho de Profissionais: Conselho Regional de Engenharia e Agronomia (CREA) ou no Conselho de Arquitetura e Urbanismo (CAU). Todos os procedimentos devem estar dentro dos padrões da Associação Brasileira de Normas Técnicas (ABNT).

Nos sistemas elétricos prediais de baixa tensão, a inspeção deve sempre ter por base a NBR 5410:2004, que fornece os parâmetros e as condições mínimas de qualidade e desempenho que estas instalações devem apresentar, garantindo assim o seu correto e seguro funcionamento. Além da NBR 5410:2004, os trabalhos devem ser organizados de acordo com os requisitos da NBR 16747:2020 – Inspeção Predial – Diretrizes, conceitos, terminologia e procedimentos.

A inspeção predial relativa às instalações elétricas consiste na avaliação do estado de todos os componentes e equipamentos elétricos, com o intuito de orientar e indicar medidas recomendadas para as atividades de manutenção.

Para edificações residenciais ou comerciais pode ser considerado um roteiro básico de inspeção, que começa com a verificação das irregularidades (anomalias ou falhas), segue com a classificação delas em relação ao estado de conservação (crítico, regular ou mínimo) e termina com a orientação técnica (com base em prioridades e graus de urgência).

A seguir apresenta-se uma sugestão (passo a passo) do que deve ser verificado nos trabalhos de inspeção em sistemas elétricos prediais:[1]

1 INSTALAÇÃO elétrica defasada é foco de riscos e problemas. Prysmian. Disponível em: http://www.housepress.com.br/siteprysmian/eletricistaprofissional/historico/Artigos%20t%C3%A9cnicos%202_PR%20Fase%203.pdf. Acesso em 13 jan. 2022.

- informações sobre a edificação (nome e endereço);
- dados da agência da concessionária de energia (nome, endereço e telefone);
- entrada de energia, tensões de fornecimento e esquema de aterramento (TNC, TNS, TN-C-S, IT, TT);
- caixas elétricas de entrada (condutores, chaves, proteções);
- centro de medição (caixas de medidores, caixas de proteção, caixas da administração – condutores, chaves, fusíveis, disjuntores);
- subestação (transformadores, chaves seccionadoras, disjuntor e aterramento);
- quadros gerais de distribuição e quadros terminais (local, tipo, condutores, chaves, fusíveis, barramentos, disjuntores);
- quadro geral de força (elevadores, bombas);
- geradores (quadros de transferência, unidades autônomas, circuitos, luminárias);
- sistema de proteção contra descargas atmosférica (captores, descidas, caixas de inspeção, aterramento e medidas de proteção contra surtos);
- análise de contas de energia elétrica, atestados de medições, ensaios etc.

O profissional indicado para realizar uma inspeção em sistemas elétricos prediais é o engenheiro eletricista. Esse profissional possui formação e conhecimento técnico específico para avaliar o funcionamento dos sistemas elétricos e identificar possíveis problemas ou irregularidades. Além disso, o engenheiro eletricista é capaz de propor soluções e adequações necessárias para garantir a segurança e o bom funcionamento do sistema elétrico predial. É importante lembrar que a realização de inspeções regulares em sistemas elétricos é essencial para prevenir acidentes e garantir a eficiência energética dos edifícios.

Figura 1.2 Inspeção em sistemas elétricos prediais

LAUDO PARA AVERIGUAÇÃO DE INSTALAÇÕES ELÉTRICAS[2]

Segundo a Flexpro Sistemas, uma empresa que trabalha há mais de 15 anos exclusivamente com imobiliárias, desenvolvendo sistemas integrados para a gestão de negócios imobiliários, "uma das formas de prevenir a ocorrência de manifestações patológicas em sistemas elétricos prediais é por meio da emissão de laudos, que atestam a qualidade e segurança dos sistemas, painéis, dispositivos e componentes de distribuição".

Após a inspeção no sistema elétrico, é elaborado um laudo técnico, que descreve as condições da instalação, aponta eventuais problemas e indica as medidas corretivas necessárias para garantir a segurança e a eficiência do sistema elétrico. O laudo técnico serve como um registro oficial do estado atual da instalação e pode ser utilizado como base para a realização de reparos e melhorias.

Esse laudo deve ser elaborado e devidamente assinado por um(a) engenheiro(a) eletricista registrado(a) no CREA. Além disso, deve-se solicitar do(a) profissional contratado(a) a Anotação de Responsabilidade Técnica – ART, emitida pela mesma instituição.

A emissão do laudo só ocorre após uma detalhada inspeção da edificação, momento em que são realizados testes em todo o painel de comando elétrico.

De acordo com a Flexpro Sistemas, o laudo elétrico é exigido em inúmeras situações como:

- contratar uma seguradora de imóveis;
- obter certificações de qualidade ISO;
- comprovar a conformidade das instalações;
- seguir as obrigatoriedades da prefeitura e corpo de bombeiros.

De acordo com a Flexpro Sistemas, os estabelecimentos com grande tráfego de pessoas, os quais não cumprem corretamente a apresentação dos laudos elétricos, podem ser multados ou até impedidos de funcionar.

Além disso, os laudos têm uma data de vencimento. Afinal de contas, alguns processos devem ser feitos periodicamente, como é o caso da manutenção de geradores. Os laudos elétricos são definidos conforme a sua finalidade. Por esse motivo, é preciso se atentar às especificações do imóvel e analisar qual documento é necessário para cada estrutura.

LAUDO PARA O SPDA

Laudo que avalia a proteção contra descargas atmosféricas, conforme orientação da norma NBR 5419:2015. O documento é exigido para edificações em que a análise de risco determina a instalação de uma proteção contra descargas atmosféricas.

---

2 AVERIGUAÇÃO de instalações elétrica do imóvel. *FlexPro Sistemas*, 2020. Disponível em https://flexpro.com.br/averiguacao-de-instalacoes-eletricas-do-imovel/. Acesso em: 12 jan. 2022.

LAUDO DE INSTALAÇÕES ELÉTRICAS (LIE)

O Laudo de Instalações Elétricas é responsável por verificar se todas as NRs (Normas Regulamentadoras), decretos e portarias foram cumpridas na elaboração do projeto elétrico. O documento é requisitado para instalações de baixa tensão.

LAUDO DE ATERRAMENTO (LA)

O Laudo de Aterramento é um documento que leva em consideração a NBR 5419:2015 – Proteção contra descargas atmosféricas; e NBR 5410:2004, para instalações de baixa tensão. No caso de indústrias e empresas que operam com média ou alta tensão, o documento verifica a existência de dispositivos de proteção contra curtos-circuitos.

PRONTUÁRIO NR 10

É o documento que atesta o cumprimento da norma NR-10, a qual tem como premissa a proteção dos técnicos, engenheiros e outros profissionais envolvidos, direta ou indiretamente, na manutenção, vistoria e reparos das instalações elétricas.

MANUTENÇÃO PREDIAL

A importância da manutenção predial é indiscutível. Tanto a estrutura quanto as instalações de uma edificação sofrem com a ação do tempo. Nesse sentido, qualquer descuido com a manutenção pode diminuir a vida útil do imóvel e colocar em risco a segurança de seus usuários.

É fato que a maior parte das anomalias e falhas verificadas nas edificações é resultante da negligência de seus gestores em adotar programas eficientes de manutenção predial.

Segundo a NBR 5674:2012 – Manutenção de Edificações – Requisitos para o sistema de gestão de manutenção, a manutenção é o conjunto de atividades a serem realizadas para conservar ou recuperar a capacidade funcional da edificação e de suas partes constituintes de atender as necessidades e segurança de seus usuários.

Um programa de manutenção preventiva, que defina claramente procedimentos periódicos de inspeção, é fundamental para que a gestão da manutenção predial ocorra de forma racional e pouco custosa. Esse processo deve ser realizado sempre em conformidade com a NBR 5674:2012.

De acordo com a norma, os serviços de manutenção devem ser executados por diferentes categorias de profissionais, dependendo da complexidade, do grau de risco envolvido na atividade em questão e das solicitações impostas aos componentes.

Atualmente, existem *softwares* de manutenção e gestão de manutenção que auxiliam no planejamento dessas atividades. Além disso, algumas empresas se especializaram nesse tipo de serviço que pode ser oferecido para os edifícios a serem customizados.

Porém, o maior desafio em nosso país é que não existe a cultura da necessidade de fazer manutenções periódicas em edifícios. Outro desafio é a falta de informação técnica sobre como proceder para a manutenção dos edifícios.

NORMAS TÉCNICAS DA ABNT

As normas técnicas prescritas nos processos de perícias, inspeção predial (vistoria técnica), desempenho, uso, operação e manutenção das instalações elétricas prediais são:

- NBR 5410:2004 – Instalações elétricas de baixa tensão;
- NR 10 – Segurança em Instalações e Serviços em Eletricidade;
- NBR 5419:2015 – Proteção de estruturas contra descargas atmosféricas;
- NBR 13752:1996 – Perícias de engenharia na construção civil;
- NBR 5674:2012 – Manutenção de edificações – Requisitos para o sistema de gestão de manutenção;
- NBR 15575:2021 – Desempenho de edificações habitacionais;
- NBR 14037:2014 – Diretrizes para elaboração de manuais de uso, operação e manutenção das edificações – Requisitos para elaboração e apresentação dos conteúdos;
- NBR 16280:2015 – Reforma em edificações – Sistema de gestão de reformas – Requisitos;
- NBR 16747:2020 – Inspeção predial – Diretrizes, conceitos, terminologia e procedimentos.

MANUTENÇÃO EM INSTALAÇÕES ELÉTRICAS

A ABNT NBR 15575 - Edificações Habitacionais – Desempenho, estabelece requisitos mínimos para a manutenção preventiva e corretiva de sistemas elétricos prediais, visando garantir a segurança, a funcionalidade e a durabilidade desses sistemas ao longo do tempo. A norma destaca a importância de uma manutenção adequada para a preservação das condições de segurança e desempenho dos sistemas elétricos prediais.

A manutenção elétrica é fundamental como medida de precaução para as instalações, assim como para o bom funcionamento de todos os equipamentos elétricos e eletrônicos instalados, evitando que aconteça o desgaste dos aparelhos antes do tempo desejado ou apresentem problemas de maior gravidade.

A periodicidade correta para a realização de manutenções elétricas depende do tipo de uso do imóvel em questão. Em residências e comércios, vai depender de como o imóvel está sendo utilizado. Recomenda-se, por exemplo, que as pessoas as quais e estão adquirindo ou alugando um imóvel solicitem a realização de manutenção elétrica do local para garantir que encontrarão condições adequadas para ocupação.

De modo geral é desejável a realização de uma manutenção elétrica a cada 10 anos em imóveis unifamiliares (local habitado por uma única família) e que não tenham grande utilização de equipamentos elétricos, ou seja, que utilizem eletrodomésticos comuns e sem qualquer especificação adicional.

Para uso industrial, por exemplo, a manutenção elétrica deve ser constante, já que o funcionamento adequado do maquinário é crucial para a produção e falhas elétricas podem causar prejuízos de grande ordem, sobretudo financeira, podendo chegar até a milhões de reais.

Assim, grandes empresas contam com equipes especializadas e bem treinadas (e geralmente próprias) de técnicos para realizar essa manutenção praticamente em tempo real, monitorando cada equipamento, o desempenho deles e possíveis defeitos.

Figura 1.3 Manutenção em instalações elétricas prediais.

Existem basicamente três tipos principais de manutenção elétrica: corretiva, preventiva e preditiva. Cada uma delas serve a um objetivo específico e é utilizada para atender a determinadas demandas.[3]

MANUTENÇÃO CORRETIVA

A manutenção corretiva das instalações elétricas prediais deve ser feita por profissionais qualificados e consiste em corrigir falhas, defeitos ou danos que tenham sido iden-

3 GUIA completo sobre manutenção elétrica. *Triider*, 2018. Disponível em https://www.triider.com.br/blog/guia-sobre-manutencao-eletrica/. Acesso em: 09 jan. 2022.

tificados na instalação elétrica, com o objetivo de restaurar seu funcionamento normal. Essa manutenção deve ser feita de forma ágil e eficiente, visando minimizar os impactos negativos causados pelo problema, e deve seguir procedimentos de segurança específicos, a fim de evitar acidentes elétricos.

Esse tipo de manutenção ocorre quando o sistema elétrico já está com um problema e precisa de reparos imediatos, sendo o tipo de manutenção elétrica mais urgente. Ela é realizada quando a irregularidade (anomalia ou falha) já ocorreu, por exemplo, o motor queimou, o disjuntor foi danificado e não rearma mais, a lâmpada queimou etc.

É importante lembrar que a manutenção corretiva não substitui a manutenção preventiva, que é realizada com o objetivo de prevenir falhas e garantir o bom funcionamento da instalação elétrica.

MANUTENÇÃO PREVENTIVA

Esse é o tipo de manutenção elétrica ideal, já que é capaz de encontrar possíveis defeitos antes mesmo que eles causem qualquer problema de maior gravidade.

Na manutenção preventiva, verifica-se o funcionamento dos equipamentos instalados, bem como a presença de fios mal encapados, desgastes relacionados ao uso inadequado dos objetos, entre outros contratempos comuns, possibilitando que tudo continue funcionando perfeitamente.

Se for detectado algum problema, é necessário realizar a troca dos componentes que apresentam defeitos.

Diferente da manutenção corretiva, os problemas encontrados podem ser menores e de mais fácil resolução, já que ainda não causaram danos ao sistema elétrico. Assim, os gastos com a manutenção preventiva também são inferiores, por se tratar de um método que evita a ocorrência de panes e perdas, em vez de remediar a situação quando já não há outra possibilidade de resolver o defeito.

MANUTENÇÃO PREDITIVA

Utilizada principalmente no setor industrial, a manutenção preditiva tem por objetivo monitorar o funcionamento de maquinários de modo a entender seu comportamento ao longo do tempo.

Dessa maneira, os técnicos são capazes de prever em que momento a manutenção elétrica deverá ser realizada com base nos dados analisados e no comportamento esperado dos equipamentos, de acordo com as especificações do fabricante.

Esse tipo de manutenção é importante e tem como finalidade aumentar a vida útil dos equipamentos e reduzir custos para as empresas já que evita a troca frequente de máquinas por meio de parâmetros que medem o nível de desgaste e eficiência.

O profissional mais indicado para fazer as manutenções corretiva, preventiva e preditiva em sistemas elétricos prediais é aquele com formação técnica ou superior em elétrica. Esse profissional possui conhecimento técnico e habilidades práticas para realizar tarefas de manutenção em sistemas elétricos, incluindo diagnóstico e reparo de problemas elétricos, execução de tarefas preventivas para evitar falhas e realização de manutenção preditiva para identificar possíveis problemas antes que ocorram.

No entanto, dependendo da complexidade e tamanho do sistema elétrico, pode ser necessário contar com o apoio de outros profissionais, como engenheiros eletricistas, para realizar as manutenções preventivas e preditivas de forma mais abrangente e técnica. É importante escolher profissionais qualificados e experientes para garantir a segurança e a eficiência do sistema elétrico predial.

CAPÍTULO 2

MANIFESTAÇÕES PATOLÓGICAS EM SISTEMAS ELÉTRICOS PREDIAIS

As manifestações patológicas em sistemas elétricos prediais são problemas que ocorrem nos sistemas elétricos das edificações que podem comprometer a segurança e o funcionamento adequado dos equipamentos. Alguns exemplos dessas manifestações patológicas são: sobrecarga elétrica, curto circuito, queda de tensão, falhas no aterramento e má qualidade da energia elétrica.

As instalações elétricas são sistemas complexos que exigem muita atenção, conhecimento teórico e técnico para serem feitas. O problema é que nem sempre o projeto é bem elaborado e as instalações são executadas com cuidado, o que gera riscos ao instalador e para quem está próximo da instalação, bem como para os futuros usuários.

Nos dias atuais, as instalações elétricas têm se tornado mais presentes nas edificações, anexando equipamentos ao cotidiano familiar e elevando demais a demanda da carga instalada.

Anexo a isso, a ausência ou a manutenção não apropriada das instalações elétricas, assim como o uso divergente do que foi projetado e o desconhecimento ou negligência das recomendações prescritas pelos fabricantes também acarreta no aparecimento de manifestações patológicas nos sistemas elétricos prediais.

As anomalias e falhas nos sistemas elétricos podem ter origem na fase de projetos; na execução das instalações, que envolve falhas de mão de obra e (ou) fiscalização, ou, ainda, omissão do construtor; emprego de materiais inadequados ou não cumprimento das recomendações dos fabricantes e má utilização do usuário, na qual as falhas poderão ser decorrentes da operação e manutenção das instalações.

Esses erros de projeto e execução das instalações, aliados ao uso de materiais inadequados e falta de capacitação da mão de obra podem ter consequências bem graves, como a sobrecarga de componentes elétricos que geram curtos-circuitos, choques elétricos e até mesmo incêndios.

Tabela 2.1 Causas de patologia em sistemas elétricos prediais

Origens dos problemas patológicos nas edificações		
Falhas de projetos	Falhas de compatibilização entre os diversos projetos da obra	
	Falhas específicas de projetos	Baixa qualidade dos materiais especificados ou especificação inadequada dos materiais
		Especificação inadequada dos materiais
		Detalhamento insuficiente, omitido ou errado
		Detalhe construtivo inexequível
		Falta de clareza da informação
		Falta de padronização nas representações gráficas
		Erro de dimensionamento
Falhas de gerenciamento e execução	Falta de procedimento de trabalho	
	Falta de treinamento de mão de obra	
	Processo deficiente de aquisição de materiais e serviços	
	Processo de controle de qualidade insuficiente ou inexistente	
	Falhas ou falta de planejamento de execução	
Falhas de utilização	Utilizações errôneas dos sistemas elétricos prediais	
	Vandalismo	
	Mudança de uso devido às novas necessidades impostas à edificação	
Deterioração natural do sistema	Desgastes naturais dos componentes e dos dispositivos das instalações elétricas prediais	
	Desgastes devido ao uso	
	Deterioração dos materiais	

FALHAS E AUSÊNCIA DE PROJETO

O projeto de instalações elétricas prediais é uma representação gráfica e escrita do que se pretende instalar na edificação, ou seja, é um documento usado para indicar os pontos de iluminação, tomadas, interruptores, circuitos elétricos e a posição de quadros de distribuição, levando em conta as especificações de cada estrutura.

É importante que o projeto elétrico leve em consideração quais são os tipos de equipamentos presentes no imóvel, além de verificar o número de pessoas que usam o espaço e as atividades que serão desempenhadas por elas.

A elaboração do projeto deve ser feita por um profissional da área, a fim de evitar erros. Além das normas da concessionária fornecedora de energia e das normas específicas aplicáveis, toda edificação deve ter um projeto elétrico elaborado de acordo com a norma técnica NBR 5410:2004 da ABNT (Associação Brasileira de Normas Técnicas) – Instalações Elétricas de Baixa Tensão.

O projeto de instalações elétricas, quando bem elaborado, e corretamente dimensionado, empregando materiais de qualidade comprovada, e também integrado de uma forma racional, harmônica e tecnicamente correta com o projeto arquitetônico, gera significativa economia na aquisição de materiais e na execução das instalações, além de evitar circuitos mal divididos e mal dimensionados, disjuntores com frequentes desarmes, falta de segurança nas instalações (incêndios, perda de equipamentos, choques elétricos), ausência de dispositivo DR (diferencia residual) e DPS (dispositivo de proteção contra surtos) em quadros elétricos, falta de aterramento, ausência de tomadas, falta de detalhamento e dificuldade para a implementação das instalações desconformes com as normas vigentes.

De acordo com alguns estudos, um elevado percentual de patologia nas edificações é originado nas fases de planejamento e projeto da edificação. Algumas, falhas, inclusive, somente serão percebidas depois de executada a obra, durante o uso das instalações, causando sérios prejuízos ao usuário (proprietário) do imóvel. Essas falhas são geralmente bem mais graves que as relacionadas à qualidade dos materiais e aos métodos construtivos.

As principais falhas de projeto em sistemas elétricos prediais podem incluir a escolha inadequada de materiais e equipamentos, o dimensionamento incorreto de condutores e disjuntores, a falta de proteção adequada contra sobrecarga e curto-circuito, a ausência de aterramento e a má distribuição de cargas elétricas. Além disso, a falta de um projeto elétrico detalhado e de um plano de manutenção preventiva pode contribuir para a ocorrência de falhas e acidentes. Por isso, é fundamental que os projetos elétricos sejam feitos por profissionais capacitados e que sigam as normas e regulamentações técnicas vigentes.

FALHAS DE EXECUÇÃO DAS INSTALAÇÕES

As instalações elétricas prediais devem ser executadas rigorosamente de acordo com os respectivos projetos e especificações, bem como segundo as prescrições das normas da ABNT- Associação Brasileira de Normas Técnicas produzidas para essa área.

As falhas de execução podem ocorrer devido à negligência ou à falta de capacitação do instalador e/ou à falta de fiscalização e/ou acompanhamento do engenheiro ou responsável técnico pela obra, durante a etapa de execução das instalações elétricas.

A baixa qualidade de mão de obra é um entrave para a fiscalização. Alguns erros de execução ocorrem principalmente quando o instalador modifica o projeto de instalações elétricas sem consulta prévia ao autor do documento. Por mais que se exija o cumprimento de um projeto, quase sempre haverá problema na hora da execução das instalações.

Isso também ocorre porque na tentativa de economizar nessa etapa da obra, muitas construtoras têm dispensado a presença de um profissional habilitado para supervisionar a execução das instalações elétricas.

Ainda que o serviço seja mais barato, contratar um profissional sem qualificação só gera prejuízos. Deve-se priorizar sempre a contratação de instaladores que possuam cursos de qualificação, afinal isso confere, além do conhecimento técnico, a certeza de que o profissional é comprometido com a excelência do seu trabalho. Dessa maneira também se valoriza o profissional capacitado e garante que a instalação elétrica será construída de acordo com as normas, com total segurança e com materiais de qualidade.

Com relação à falta de fiscalização e/ou acompanhamento do engenheiro ou responsável técnico pela obra, o cenário é mais preocupante ainda mais quando a construtora ou contratante não compreende o que é fiscalização, confundindo a atividade com o gerenciamento. A fiscalização da obra faz parte do escopo do gerenciamento, sendo uma atividade mais restrita; consiste em verificar se as etapas planejadas na fase de gerenciamento estão sendo cumpridas; se tecnicamente a obra está correta e se o dinheiro despendido corresponde ao previsto em contrato.

EMPREGO DE MATERIAIS INADEQUADOS

A qualidade dos materiais é fundamental para que não ocorra patologia nos sistemas prediais. Por essa razão, deve-se priorizar a escolha de produtos que atendam às especificações normativas e do projeto.

Com o objetivo de diminuir os custos da construção, alguns construtores e construtoras têm empregado materiais de qualidade duvidosa, muitas vezes até em desacordo com as normas regulamentadoras, e isso, consequentemente, gera diversas manifestações patológicas e necessidade de maiores reparos ao longo da vida útil da edificação, devido à baixa qualidade dos materiais empregados durante a execução das instalações elétricas. Uma falha grave que se enquadra nessa categoria, por exemplo, é o uso de mangueiras ou tubos de água no lugar de eletrodutos. Essa substituição pode resultar na obstrução da passagem de cabos e na quebra do condutor, sobretudo em instalações embutidas em lajes ou enterradas.

Além disso, por razões de ordem financeira, é muito comum a utilização de fios e cabos de qualidade questionável, fabricados em desacordo com as normas, em que na maioria das vezes esses materiais não possuem a quantidade de cobre recomendada pela norma de fabricação. Esses condutores são conhecidos como cabos desbitolados e podem acarretar em sérios problemas para a instalação elétrica. Incêndios, sobrecargas elétricas e quedas de tensão são algumas das situações que ocorrem quando alguma coisa não está indo bem com a instalação elétrica. Quando essas situações se tornam perceptíveis, em grande parte dos casos, já pode ser muito tarde para se tomar uma providência.

De acordo com Nascimento (2014), outro ponto observado é que devido à rápida inovação tecnológica, vários materiais são lançados no mercado, muitas vezes sem informações técnicas capazes de orientar os projetistas na especificação desses materiais para a obra e também sem uma normalização.

Por causa disso, muitas patologias têm surgido pela incorreta aplicação dos novos materiais em obra, bem como pela interface com outros materiais, diminuindo o desempenho esperado para o determinado serviço.

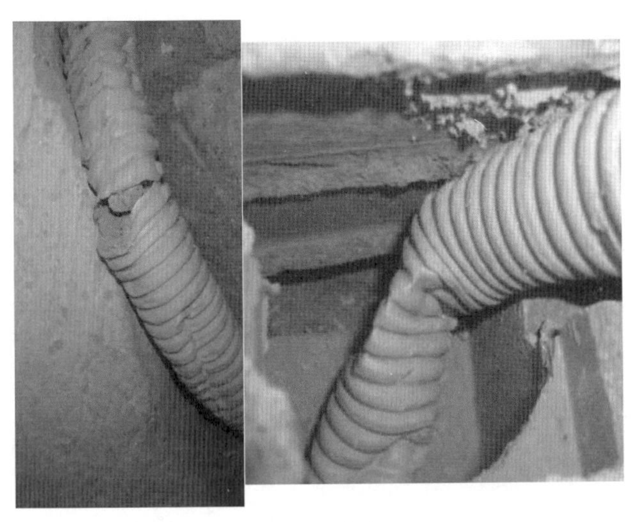

Figura 2.1 Uso de materiais elétricos com baixa qualidade.

DESGASTE PELO USO DAS INSTALAÇÕES

Toda edificação está fadada ao desgaste natural decorrente da ação do tempo sobre suas estruturas, pois as instalações têm uma vida útil que pode ser maior ou menor, dependendo do tipo de material e das condições de utilização. Essa afirmação não é diferente quando falamos sobre os componentes de um sistema elétrico.

É comum ocorrer falhas em sistemas elétricos prediais devido ao desgaste natural da instalação elétrica com o tempo de uso. Com o passar dos anos, os componentes elétricos, como fios, cabos, disjuntores, interruptores e tomadas, podem se deteriorar e apresentar falhas. Além disso, mudanças na demanda de energia elétrica, a instalação de novos equipamentos e a falta de manutenção preventiva podem acelerar o processo de desgaste e aumentar o risco de falhas. Por isso, é importante realizar inspeções regulares na instalação elétrica e fazer a manutenção preventiva adequada, a fim de garantir o bom funcionamento do sistema elétrico predial e evitar acidentes.

O instalador também deve verificar o funcionamento dos interruptores e as tomadas para conferir se está tudo sendo acionado corretamente. Além disso, o técnico também deve verificar a instalação de chuveiro elétrico para saber se há algum fio danificado ou queimado que coloque em risco a segurança das pessoas.

Portanto, é um erro achar que uma construção será eterna sem haver qualquer tipo de intervenção para corrigir o desgaste que os sistemas prediais apresentam ao longo de sua vida útil.

Pode-se dizer que a vida de um edifício tem duas fases: a sua construção e o uso. Uma série de problemas relativos à sua durabilidade pode ser resolvida durante sua construção. Um bom projeto, uma orientação adequada, o correto atendimento às normas e ao programa de uso, a qualidade dos materiais empregados e os critérios técnicos adotados na construção são procedimentos importantes que vão determinar essa durabilidade. Consequentemente, durante a segunda fase, a de uso, uma série de problemas começa a surgir devido ao desgaste pela utilização indevida de alguns componentes empregados, bem como a utilização de materiais de segunda categoria. Por essa razão em pouco tempo, alguns serviços serão necessários para, em certos casos, repor as condições originais e, em outros, fazer algum tipo de instalação dentro de padrões de qualidade que possibilitem um melhor uso da construção. Isso obviamente gera custos adicionais e imprevistos.

No caso das instalações elétricas, o uso inadequado também tem causado uma série de acidentes, principalmente, incêndios. Por falta de conhecimento muitas vezes o usuário acaba por sobrecarregar os circuitos elétricos, ligando vários aparelhos em um mesmo ponto elétrico.

Outro exemplo muito comum é a sobrecarga nos circuitos (queda dos disjuntores), que é decorrente de ligações de aparelhos que consomem muita energia e que necessitaria de disjuntores exclusivos.

Além desses exemplos temos também muitas "gambiarras" que podem elevar os riscos de acidentes, como incêndios, queimaduras, descargas elétricas e até mesmo causar a morte de indivíduos.

VIDA ÚTIL DOS COMPONENTES ELÉTRICOS

Todos os materiais utilizados nos sistemas elétricos prediais têm uma vida útil que pode ser maior ou menor, dependendo do tempo de uso, de como foram instalados e como estão sendo utilizados.

As tomadas e interruptores, por exemplo, tem sua vida útil estimada em manobras. Depende quantas vezes o usuário aciona os interruptores ou conecta/desconecta aparelhos da tomada. Depois de um tempo de uso começam a aparecer falhas mecânicas ou elétricas. No caso de tomadas, um dos primeiros sinais de desgaste é o aquecimento fora do comum da própria tomada e/ou do plugue. Os interruptores e tomadas têm uma vida útil média de 10 a 20 anos.

Disjuntores e dispositivos DR também têm sua vida útil estimada em manobras. Em condições normais de operação, com desarmes ocasionais de proteção, esses equipamentos podem resistir 25 anos ou mais de operação.

Os fios e cabos elétricos podem durar de 10 a 30 anos, dependendo do tipo de isolamento e da carga elétrica suportada. Contudo, essa estimativa leva em conta que os fios e cabos elétricos estão sendo utilizados dentro da faixa de corrente estipulada pelo fabricante e nas condições normais de temperatura ambiente.

No entanto, esses prazos podem ser reduzidos caso a instalação elétrica não seja feita de forma adequada ou não receba a manutenção preventiva necessária. Por isso, é importante realizar inspeções regulares na instalação elétrica e fazer a manutenção preventiva adequada, a fim de prolongar a vida útil dos componentes elétricos e garantir a segurança do sistema elétrico predial.

SUBDIMENSIONAMENTO DA REDE

Quando a rede elétrica está subdimensionada, isso significa que a capacidade da instalação elétrica é menor do que a demanda de energia elétrica dos equipamentos instalados, o que pode causar diversos problemas.

Em geral, instalações antigas estão mais propensas a apresentar defeitos. Basta lembrar que há pouco mais de 25 anos não era comum ter tantos aparelhos e equipamentos nas residências brasileiras. O surgimento de novos aparelhos elétricos e eletrônicos cada vez mais sofisticados fez com que a importância de uma instalação elétrica crescesse na mesma proporção.

Antes de se introduzirem os modernos aparelhos eletrodomésticos em nossas casas, a instalação elétrica se resumia a um simples passar de fios e conduítes. Hoje, temos o forno de micro-ondas, televisores com tela gigante, home theater, instalação de aparelhos de ar-condicionado, fornos elétricos, balcões refrigeradores etc.

Essa demanda pelo equipamento impacta diretamente tanto na conta de energia mensal, quanto nas instalações elétricas, da maioria das residências, que não estão preparadas para instalação desses novos aparelhos.

Um dos principais problemas de uma rede subdimensionada é a queda de tensão, que ocorre quando a carga elétrica é maior do que a capacidade do sistema elétrico, fazendo com que a tensão da rede elétrica diminua. Isso pode afetar o desempenho dos equipamentos elétricos, diminuindo sua vida útil e aumentando o consumo de energia. Além disso, o subdimensionamento pode levar a uma sobrecarga elétrica, que causa um aquecimento excessivo nos fios e equipamentos elétricos, aumentando o risco de falhas e incêndios.

Outro problema comum é a necessidade de desligar alguns equipamentos para evitar sobrecarga elétrica, o que pode gerar transtornos e reduzir a produtividade do ambiente.

Para evitar esses problemas, é importante que a instalação elétrica seja dimensionada corretamente, levando em consideração a demanda de energia elétrica dos equipamentos e a capacidade do sistema elétrico. Além disso, é recomendável fazer inspeções regulares na instalação elétrica e realizar uma manutenção preventiva adequada, a fim de garantir o bom funcionamento do sistema elétrico predial.

PADRÃO DE ENTRADA DESATUALIZADO

O "Padrão de Entrada" é o ponto de entrada de energia elétrica na unidade consumidora. O Padrão de Entrada é composto por um wattímetro, que é popularmente conhecido como medidor de energia elétrica, poste, caixa de medição e proteção, cabos, disjuntor e DPS (dispositivo de proteção de surtos, cuja característica é o aumento repentino da taxa de variação de energia pela amperagem ou tensão na rede), de acordo com a norma técnica da concessionária. Somente serão aceitas caixas de medição e postes cujos protótipos tenham sido homologados pela Distribuidora.

A norma técnica referente à instalação do padrão de entrada e outras informações relevantes a esse respeito deverão ser obtidas na agência local da concessionária fornecedora de energia elétrica.

Estando tudo dentro dos parâmetros da norma, a concessionária instala e liga o medidor e o ramal de serviço. Dessa forma, a energia elétrica entregue pela concessionária estará disponível para ser utilizada na edificação.

Devem ser utilizados, para proteção geral da entrada consumidora, disjuntores termomagnéticos unipolares, para atendimento monofásico; bipolares, para atendimento bifásico; e tripolares, para atendimento trifásico.

A proteção geral deve ser localizada depois da medição e executada pelo cliente de acordo com o que estabelece a norma da concessionária local. Toda unidade consumidora deve ser equipada com um dispositivo de proteção geral que permita interromper o fornecimento e assegure a adequada proteção. De acordo com a concessionária, além da proteção geral instalada depois da medição, o cliente tem de possuir em sua área privativa um ou mais quadros de distribuição para instalação de proteção para circuitos parciais, conforme prescrição da NBR 5410:2004. Devem ser previstos dispositivos de proteção contra quedas de tensão ou falta de fase em equipamentos que, pelas suas características, possam ser danificados por essas ocorrências.

É importante ressaltar que as solicitações de novas ligações têm a obrigatoriedade de instalação de dispositivos de proteção contra surtos (DPS) nos padrões de entrada de energia. O problema é que muitas instalações antigas estão em desacordo com esse padrão atual e precisam ser atualizadas.

Com o passar do tempo, é bastante comum que o padrão de entrada fique deteriorado, passando a oferecer riscos de acidentes e até mesmo desligamentos no fornecimento de energia. Por isso, as concessionárias orientam sobre a importância da manutenção periódica e a substituição das estruturas antigas pelos modelos novos que, além de conferir maior segurança aos usuários, obedecem aos padrões determinados pelo órgão regulador.

A principal diferença do modelo novo é que os componentes, atualmente, ficam alocados dentro da estrutura, tanto a caixa que abriga o medidor como os eletrodutos, colaborando para o aumento da segurança.

Nos prédios mais antigos, ainda é muito comum ver quadros elétricos da entrada com fundos em madeira, medidores antigos e sem fechadura segura. As normas atuais proíbem os fundos em madeira e exigem que todos os quadros devem possuir travas e sinalizações adequada que informe risco de morte.

Para evitar problemas no fornecimento de energia elétrica, o padrão de entrada deve ser dimensionado pelo engenheiro eletricista e executado por profissionais capacitados.

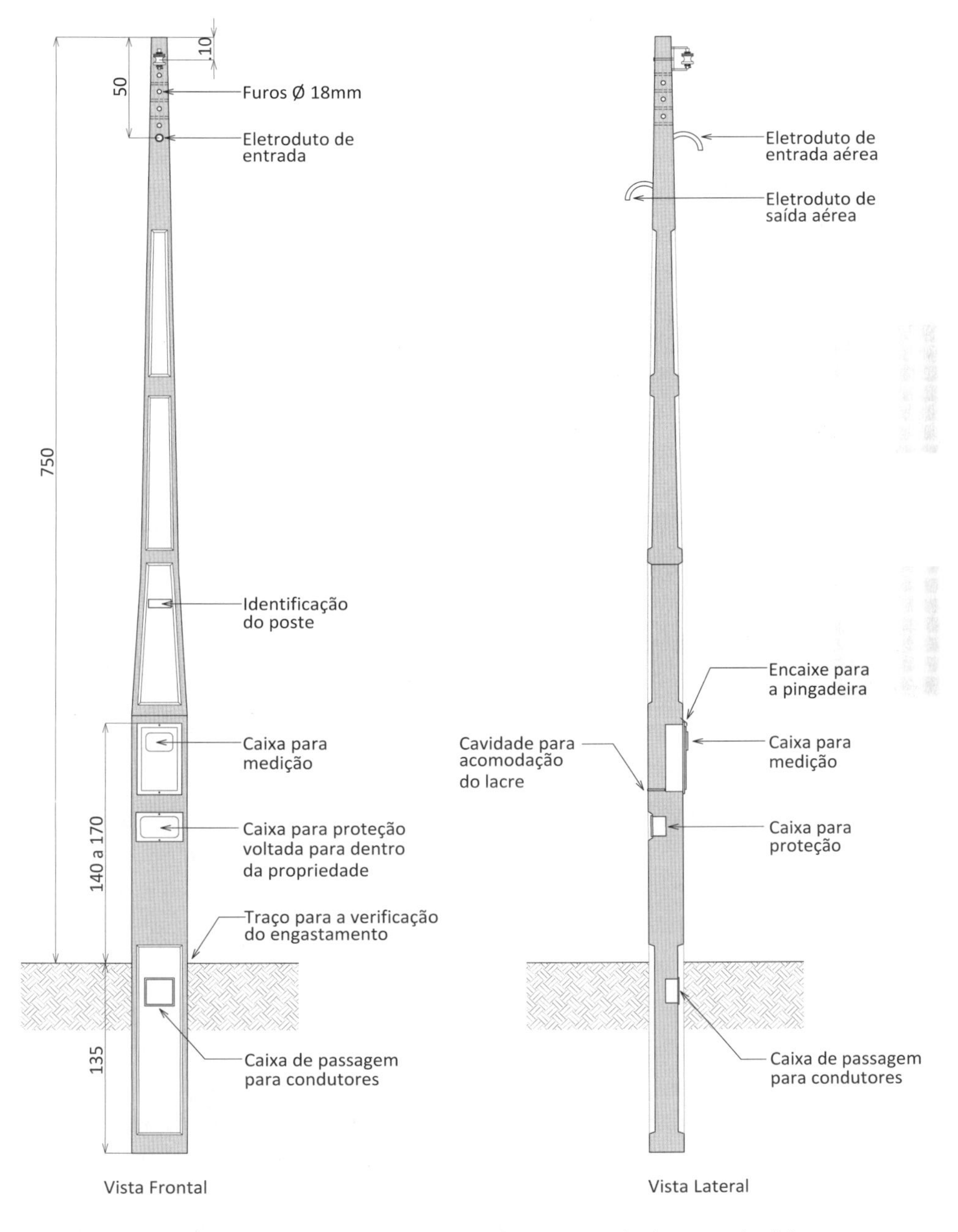

Figura 2.2 Padrão de entrada com caixa incorporada (instalação voltado para calçada).

DEFICIÊNCIA DE PONTOS ELÉTRICOS NA INSTALAÇÃO

Quando não há coordenação (entrosamento) entre o arquiteto e o engenheiro contratado para a elaboração do projeto de instalações elétricas, pode ocorrer uma incompatibilização entre os projetos e consequentemente uma deficiência de pontos elétricos.

Essa incompatibilização entre os projetos, certamente será observada durante a execução da obra, gerando inúmeras improvisações para solucionar os problemas surgidos e finalizar a execução das instalações elétricas.

Durante o planejamento e desenvolvimento dos projetos, é preciso prever a instalação de diversos pontos de elétrica em vários ambientes. A compatibilização dos projetos e uma boa comunicação entre arquiteto, projetista de instalações elétricas e empreendedor são fundamentais para minimizar erros no dimensionamento e distribuição dos pontos de elétrica.

Um exemplo comum é quando o número de tomadas elétricas é insuficiente para a quantidade de equipamentos e aparelhos que serão utilizados em determinado espaço. Nesses casos, os usuários podem precisar de extensões e adaptadores, o que pode aumentar o risco de sobrecarga elétrica e colocar em risco a segurança da instalação elétrica.

Outro exemplo é quando a iluminação do ambiente é insuficiente, o que pode dificultar as atividades realizadas no local e prejudicar a qualidade de vida dos usuários. Além disso, a falta de pontos de eletricidade pode impedir a instalação de equipamentos importantes para o ambiente, como aparelhos de ar condicionado, computadores, entre outros.

Por isso, é importante que o projeto elétrico leve em consideração a demanda de energia elétrica do ambiente e que sejam previstos pontos de eletricidade suficientes para atender às necessidades dos usuários. Também é recomendado fazer inspeções regulares na instalação elétrica e realizar uma manutenção preventiva adequada, a fim de garantir o bom funcionamento do sistema elétrico predial.

DEFICIÊNCIA DE TOMADAS

É muito comum observar, na maioria das instalações, uma deficiência de tomadas. Por essa razão, o arquiteto sempre deve estar atento aos novos aparelhos eletrodomésticos, que surgem anualmente no mercado, para poder prever uma quantidade de tomadas adequadas.

As tomadas são componentes fundamentais em uma instalação elétrica, pois são responsáveis por permitir a conexão dos equipamentos elétricos ao sistema elétrico.

Além disso, as tomadas também têm uma importante função de segurança, pois são projetadas para suportar uma corrente elétrica específica e evitar sobrecarga elétrica nos circuitos. Caso haja uma sobrecarga elétrica, as tomadas são projetadas para interromper a conexão elétrica, protegendo os equipamentos e os usuários.

Por isso, é muito importante que as tomadas sejam dimensionadas corretamente, de acordo com a demanda de energia elétrica do ambiente, e instaladas de acordo com as normas e legislações vigentes, a fim de garantir a segurança dos usuários e o bom funcionamento do sistema elétrico.

Além disso, as tomadas devem ser escolhidas de acordo com as características dos equipamentos elétricos a serem conectados, garantindo que o tipo de tomada seja com o plugue do equipamento.

Em resumo, as tomadas são componentes essenciais em uma instalação elétrica, que permitem a conexão dos equipamentos elétricos ao sistema elétrico, garantem a segurança dos usuários e o bom funcionamento do sistema elétrico.

Segundo a norma NBR 5410:2004, em geral, as tomadas são representadas em desenho, com três tipos de altura:

- tomadas baixa: apresentam altura de 0,30m do piso acabado;
- tomadas média: apresentam altura de 1,10m do piso acabado;
- tomadas alta: apresentam altura de 2,20m do piso acabado.

A previsão de tomadas em quantidade insuficiente é muito comum em projetos de instalações elétricas prediais, ainda mais recentemente, com o surgimento de novos aparelhos eletrodomésticos.

É importante salientar que a deficiência de tomadas, ou a instalação de tomadas em locais indevidos, leva o usuário à improvisação, usando extensões com várias tomadas ou o uso de benjamim, colocando em risco a segurança das instalações. Por isso mesmo, esse é um assunto que merece um estudo especial por parte do projetista.

Tomadas bem posicionadas podem facilitar a conexão de equipamentos elétricos e eletrônicos e aumentar o conforto e a comodidade dos usuários. Também é importante considerar a flexibilidade para possíveis mudanças no uso do espaço, de forma a permitir a conexão de novos equipamentos sem a necessidade de adaptações elétricas mais complexas. Infelizmente, as tomadas e interruptores só costumam ser foco de atenção no momento em que se constata sua ausência em determinado ponto da residência. Por essa razão, alguns arquitetos e designers de interiores orientam sobre a importância de se observar a quantidade e a posição desses terminais em cada ambiente antes de elaborar o projeto de decoração.

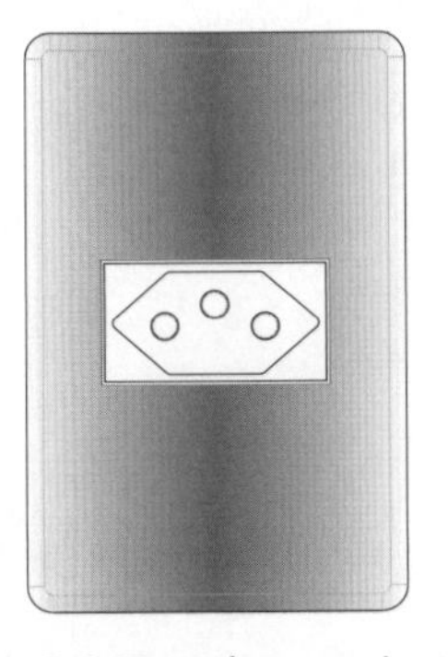
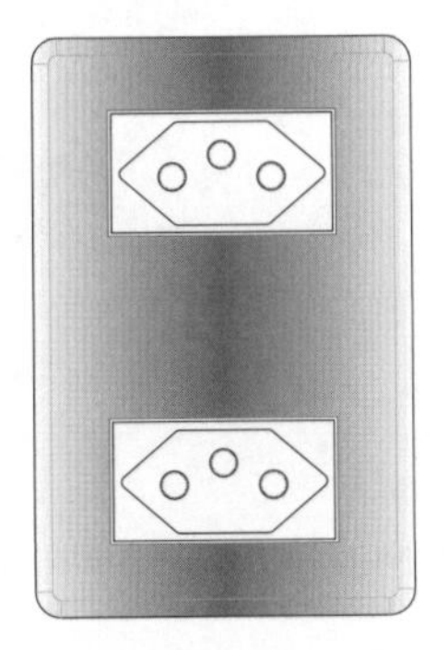
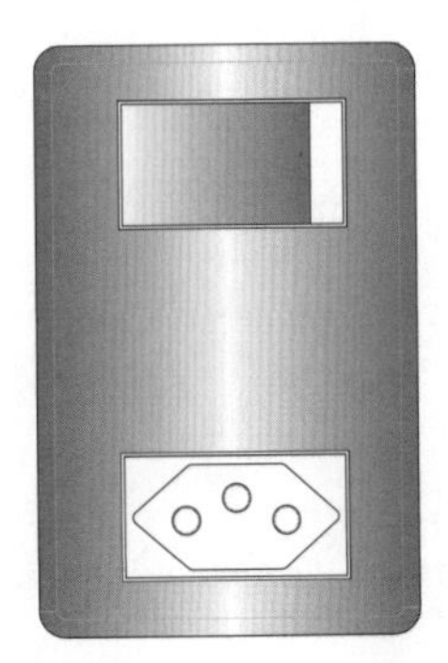

Figura 2.3 Tomadas e conjunto (tomada e interruptor).

TOMADAS DE USO GERAL (TUG'S)

As TUG's, como o próprio nome diz, são tomadas de uso geral destinadas às ligações de aparelhos que consomem até 10 ampères de corrente. São tomadas que não se destinam à ligação de equipamentos específicos. As TUG's correspondem a maior parte das tomadas que são instaladas pela casa e são utilizadas para ligar aparelhos televisores, rádios, carregadores de celular entre outros e estão localizadas em praticamente todos os cômodos de uma residência.

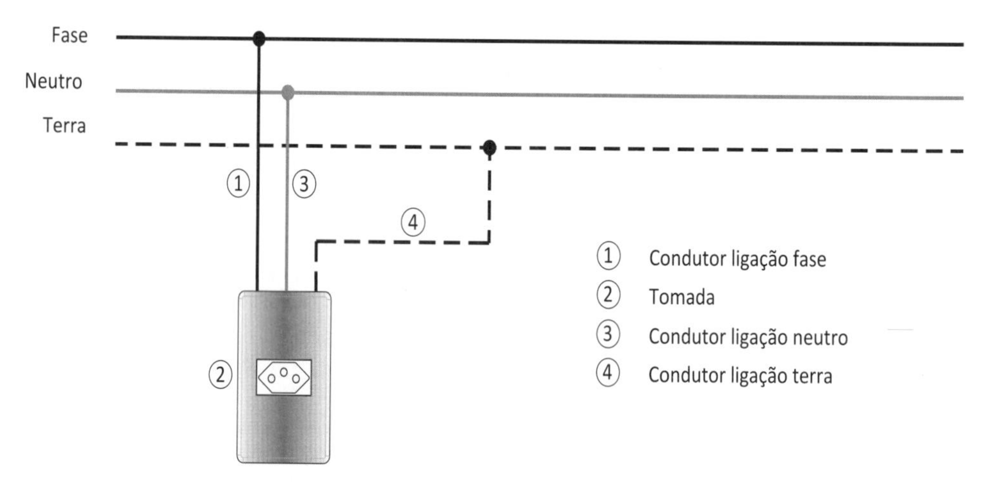

Figura 2.4 Esquema de ligação (fiação) para uma tomada simples.

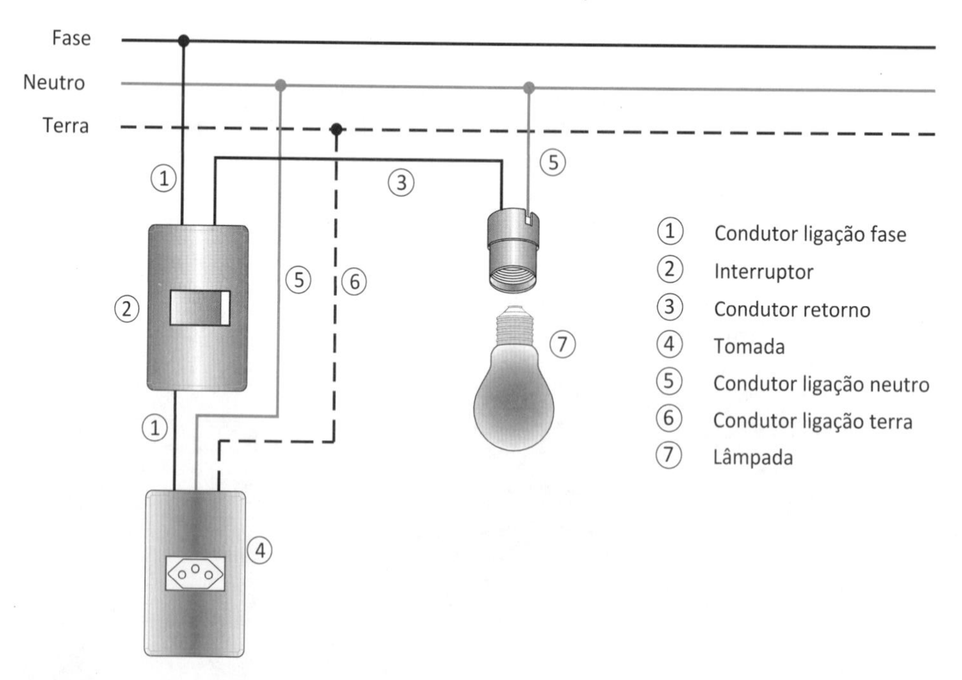

Figura 2.5 Esquema de ligação (fiação) para interruptor com tomada.

TOMADAS DE USO ESPECÍFICO (TUE'S)

As tomadas de uso específico são utilizadas para equipamentos que consomem corrente elétrica nominal entre 10 e 20 ampères. A não utilização desse tipo de tomada pode ocasionar sobrecargas ou até um problema mais grave na instalação elétrica predial.

As tomadas de uso específico são utilizadas para eletrodomésticos fixos e estacionários que demandam uma alta corrente de funcionamento como, ar-condicionado, micro-ondas, lavadora de louças, máquina secadora, forno elétrico, entre outros.

É importante atentar-se que os orifícios da tomada têm diâmetro de 4,8 mm e, portanto, são maiores que o diâmetro das TUG's. Por esse motivo é relevante fazer um planejamento de onde as TUE's serão instaladas para que a tomada seja compatível com o plugue do eletrodoméstico. A fiação mínima para as tomadas de uso específico é de 4 mm^2.

Na instalação de TUE's, é preciso ter alguns cuidados. É importante checar que o equipamento a ser instalado não ultrapasse a corrente de 20 ampères. Além disso, vale lembrar que tomadas que tenham tensão de 220 volts precisam ser sinalizadas. Hoje, existem no mercado tomadas na cor vermelha para diferenciar os pontos de eletricidade 110V e 220V.

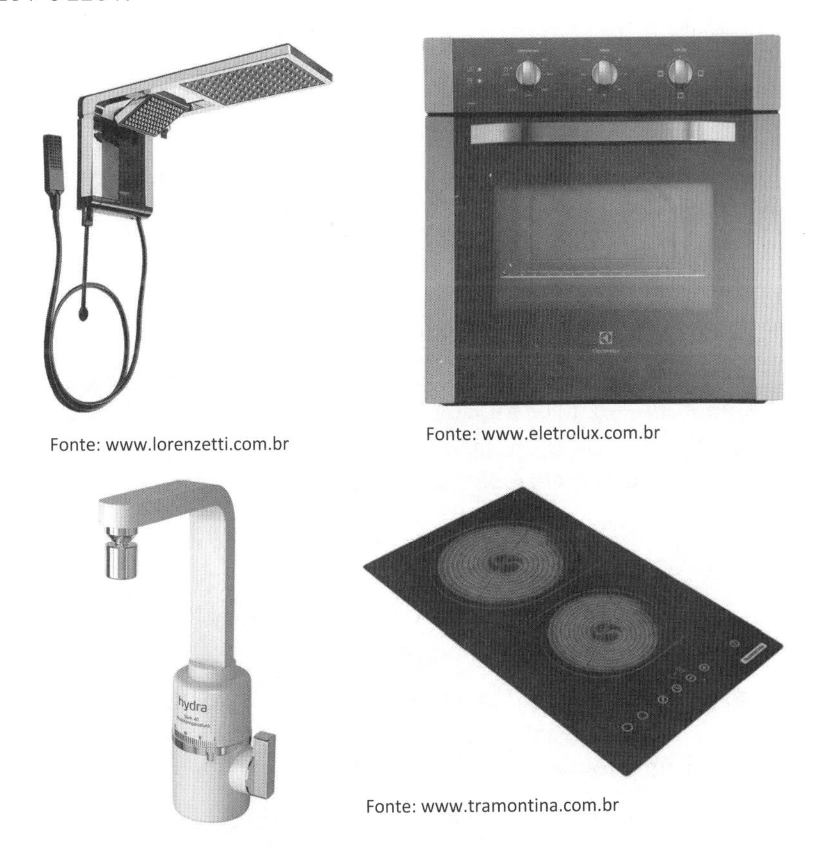

Fonte: www.lorenzetti.com.br

Fonte: www.eletrolux.com.br

Fonte: www.tramontina.com.br

Figura 2.6 Equipamentos que requerem tomadas de uso específico.

QUANTIDADE MÍNIMA DE TOMADAS EM INSTALAÇÕES RESIDENCIAIS

A quantidade mínima de pontos de tomadas varia de acordo com o cômodo da residência e suas dimensões, segundo prescrições da NBR 5410:2004, mas o número pode ser maior dependendo do perfil de consumo dos moradores. Para calcular a quantidade de tomadas se faz necessário, inicialmente, o estudo do projeto arquitetônico.

A quantidade de tomadas de uso geral (TUG) é estabelecida a partir do cômodo em estudo, fazendo-se necessário ter: ou o valor da área; ou o valor do perímetro; ou o valor da área e do perímetro.

Em diversas aplicações, é recomendável prever uma quantidade de pontos de tomadas maior do que o mínimo calculado, evitando-se, assim, o emprego de extensões e benjamins (tês), que, além de desperdiçarem energia, podem comprometer a segurança da instalação elétrica.

Alguns aparelhos necessitam de tomadas de uso específico (TUE): chuveiro, lava-louças, torneira elétrica, geladeira, ar-condicionado, bomba de piscina, aparelho de sauna, motor de portão automático, entre outros.

QUANTIDADE E POTENCIA MÍNIMA DE TUG'S

Nas unidades residenciais e nas acomodações de hotéis, motéis e similares, o número de tomadas de uso geral (TUG) deve ser fixado de acordo com o seguinte critério:

- cômodos ou dependências com área igual ou inferior a 6 m^2: no mínimo, um ponto de tomada;
- salas e dormitórios, independentemente da área, e cômodos ou dependências com área superior a 6 m^2: no mínimo, um ponto de tomada para 5 m ou fração de perímetro, espaçadas tão uniformemente quanto possível;
- cozinhas, copas, copas-cozinhas, áreas de serviço, lavanderias e locais análogos: no mínimo, um ponto de tomada para cada 3,5 m ou fração de perímetro, independentemente da área. Acima da bancada da pia devem ser previstas, no mínimo, duas tomadas de corrente, no mesmo ponto ou em pontos separados;
- *halls*, corredores, subsolos, garagens, mezaninos e varandas: pelo menos, um ponto de tomada;
- banheiros: no mínimo, um ponto de tomada junto ao lavatório, com uma distância mínima de 60 cm do limite do boxe.

Em *halls* de escadaria, salas de manutenção e salas de localização de equipamentos, como casas de máquinas, salas de bombas, barrilete e locais semelhantes deve-se prever, no mínimo, uma tomada.

A potência mínima de tomadas de uso geral nas instalações residenciais e comerciais deve obedecer às seguintes condições:

- cozinha, copas, copas-cozinhas, lavanderias, áreas de serviço, banheiros e locais semelhantes: atribuir, no mínimo, 600 VA por tomada, até três tomadas. Atribuir 100 VA para as tomadas excedentes, considerando cada um desses ambientes separadamente;
- outros cômodos ou dependências (salas, escritórios, quartos etc.): atribuir, no mínimo, 100 VA para as demais tomadas.

QUANTIDADE E POTÊNCIA MÍNIMA DE TUE'S

A quantidade de tomadas de uso específico, de acordo com a NBR 5410:2004, é estabelecida conforme o número de aparelhos de utilização que vão estar fixos em uma determinada posição no ambiente da edificação. Para saber o posicionamento das tomadas de uso específico, é fundamental a observância do layout da arquitetura. As tomadas de uso específico devem ser instaladas, no máximo, a 1,5 m do local previsto para o equipamento a ser alimentado. Às tomadas de uso específico deve ser atribuída uma potência igual à potência nominal do equipamento a ser alimentado.

Quando não for conhecida a potência nominal do equipamento a ser alimentado, deve-se atribuir à tomada de corrente uma potência igual à potência nominal do equipamento mais potente com possibilidade de ser ligado, ou à potência determinada a partir da corrente nominal da tomada e da tensão do respectivo circuito.

Aos circuitos terminais, que sirvam às tomadas de uso geral em salas de manutenção e salas de localização de equipamentos (casas de máquinas, salas de bombas, barrilete etc.), deve ser atribuída uma potência de, no mínimo, 1.000 VA.

QUANTIDADE MÍNIMA DE TOMADAS EM INSTALAÇÕES COMERCIAIS

Para calcular a quantidade mínima de tomadas de uso geral nas instalações comerciais, deve-se obedecer aos seguintes critérios:

- escritórios com áreas iguais ou inferiores a 40 m^2: uma tomada para cada 3 m, ou fração de perímetro, ou uma tomada para cada 4 m^2 ou fração de área (usa-se o critério que conduzir ao maior número de tomadas);
- escritórios com áreas superiores a 40 m^2: dez tomadas para os primeiros 40 m^2; uma tomada para cada 10 m^2, ou fração de área restante;
- lojas: uma tomada para cada 30 m^2, ou fração, não computadas as tomadas destinadas a lâmpadas, vitrines e demonstração de aparelhos.

Nas instalações comerciais também é importante identificar os equipamentos elétricos a serem usados no ambiente, levando em consideração sua potência elétrica e o tempo de uso. Essas informações podem ser transmitidas nos manuais dos equipamentos ou através de medições.

É importante considerar todos os equipamentos que serão utilizados, desde os mais simples, como computadores, até os mais potentes, como equipamentos de refrigeração e ar condicionado.

De modo geral, é atribuída uma potência mínima de 200 VA por tomada de uso geral (TUG's).

MAU CONTATO EM TOMADAS

Além de não funcionar corretamente, uma tomada com mau contato pode ser bastante perigosa, gerando um curto circuito na rede elétrica e até mesmo podendo ser fonte para um incêndio.

Por isso, é importante optar por tomadas de boa qualidade nas instalações prediais residenciais, comerciais ou industriais. Se a instalação elétrica é antiga, ela deve ser revisada por um profissional capacitado e as tomadas do padrão antigo devem ser substituídas por tomadas do padrão ABNT, NBR 14136.

O sinal mais comum de que uma tomada está com mau contato acontece no funcionamento dos aparelhos eletrônicos. Às vezes o aparelho funciona e outras vezes não, mesmo estando ligado na mesma tomada. Nesses casos, é muito comum tentar ajeitar o plugue, colocando e tirando-o novamente.

Outro sinal de mau contato é o aparecimento de faíscas e cheiro de queimado quando um equipamento é plugado. É normal, em alguns casos, observar que a superfície do plugue apresenta um aspecto chamuscado.

Para corrigir problemas de mau contato, deve-se retirar o espelho da tomada e verificar se todos os fios estão presos firmemente nos conectores e se algum fio está desencapado (fios desencapados não devem encostar uns nos outros, pelo risco de curto circuito).

Se todos os fios estão presos corretamente nos conectores e não há nenhum fio desencapado, o problema pode ser no módulo da tomada. Nesse caso, deve-se adquirir um modelo novo compatível que substitua o antigo.

SUPERAQUECIMENTO DE TOMADAS

Quando as tomadas, fios e cabos aquecem em demasia, isso pode significar sobrecarga no sistema elétrico, ou seja, a tomada está operando com uma corrente nominal (Ampéres) superior à sua capacidade (especificação), acarretando um superaquecimento que, muitas vezes, acarreta em tomada e do plugue do equipamento, podendo gerar até um princípio de incêndio. Nestes casos, é necessário chamar um profissional capacitado e refazer a instalação.

Recomenda-se que todas as tomadas da residência tenham um fio terra (modelo de três polos), para garantir a proteção contra o risco de choque elétrico.

As tomadas de correntes mais utilizadas (tomadas de uso geral) possuem corrente nominal de 10 A, porém, a maioria dos equipamentos possui corrente nominal superior a 10 A (principalmente quando ligados em 110 V). Se for ligado nessa tomada comum de 10 A aparelhos de corrente nominal 20 A (aquecedores, secadores de cabelo e de roupas, forno, ar-condicionado, entre outros), a conexão entre os pinos e a tomada vai esquentar por conta da diferença entre os valores de intensidade oferecido e exigido pelo dispositivo, gerando a sobrecarga. Isso causa aquecimento excessivo, que pode derreter a fiação ou a tomada e colocar em risco as instalações por meio de um curto-circuito.

Portanto, nesses casos, deve ser instalada uma fiação e tomada com capacidade de corrente adequada ao equipamento (16 A, 20 A, 25 A, 30 A etc.), conforme especificado na NBR 5410:2004. O mesmo procedimento deve ser adotado para o plug e fiação do equipamento, caso eventualmente haja necessidade de substituí-lo. Também é importante verificar sempre o valor da tensão nominal (Volts) e da corrente nominal (Ampéres) da tomada e do equipamento antes de ligá-lo.

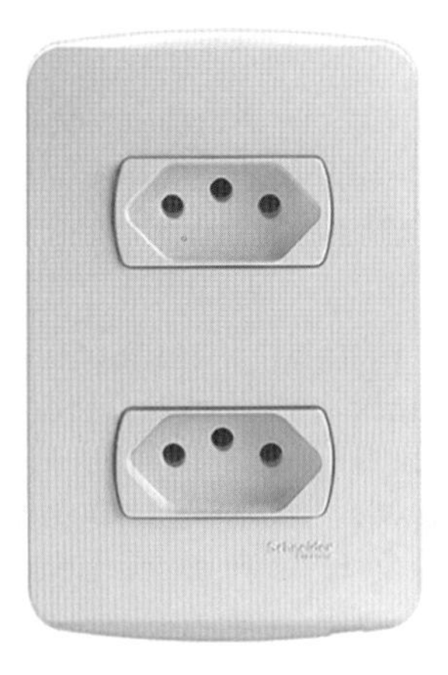

Figura 2.7 Tomada de três pinos (proteção contra risco de choque elétrico).

Fonte: Schneider.

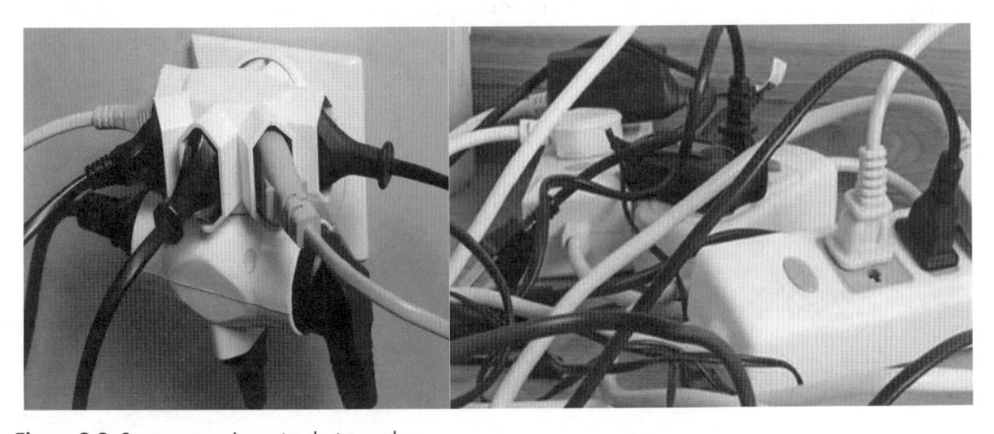

Figura 2.8 Superaquecimento de tomadas.

DEFICIÊNCIA DE INTERRUPTORES NAS INSTALAÇÕES PREDIAIS

Os dispositivos de manobra, também chamados de dispositivos de comando, são aqueles que interrompem os circuitos, isto é, impedem a passagem de corrente elétrica. Apesar de parecer um detalhe sem importância, o arquiteto deve escolher bem os lugares onde esses dispositivos serão instalados. O leiaute do projeto de arquitetura é fundamental para o posicionamento adequado dos interruptores, pois define a disposição dos ambientes e dos móveis, e essa informação é essencial para determinar onde os interruptores devem ser instalados.

Os interruptores são os dispositivos mais usados para comando de iluminação. Eles podem ser de três tipos: simples, paralelo e intermediário. Os interruptores simples permitem o comando de um ponto apenas e podem ser encontrados com uma, duas ou três seções, permitindo comandar de uma a três lâmpadas ou conjunto delas.

O interruptor paralelo tem aspecto externo semelhante ao interruptor simples, mas as ligações que permite são diferentes. É utilizado quando for necessário o comando de locais distintos.

Os interruptores intermediários são utilizados quando há necessidade de comandar o circuito em vários pontos diferentes. Como inversores do sentido da corrente, esses interruptores intermediários são usados em combinação com dois paralelos e serve, por exemplo, para interromper o circuito em quatro ou mais pontos diferentes.

Os interruptores devem ser instalados em locais de fácil acesso e próximos aos pontos de entrada e saída dos ambientes. Em residências, os interruptores devem ser localizados junto às portas, à distância de 10 cm a 15 cm da guarnição. A altura de instalação do interruptor varia de 1,20 m a 1,30 m em relação ao piso assentado. Fora desse intervalo, há necessidade de se especificar no desenho.

Quando o ambiente possui uma única passagem para entrar e sair, a instalação de apenas um interruptor é suficiente. Se houver duas ou mais passagens, será importante definir pontos adicionais de interruptores a fim de evitar a circulação de pessoas dentro de um ambiente sem iluminação, visto que isso ocasionar acidentes. É importante lembrar que os interruptores também podem ser colocados em pontos estratégicos dentro do ambiente, visando o conforto dos usuários: próximos às camas, por exemplo, para que seja possível apagar a luz sem se levantar.

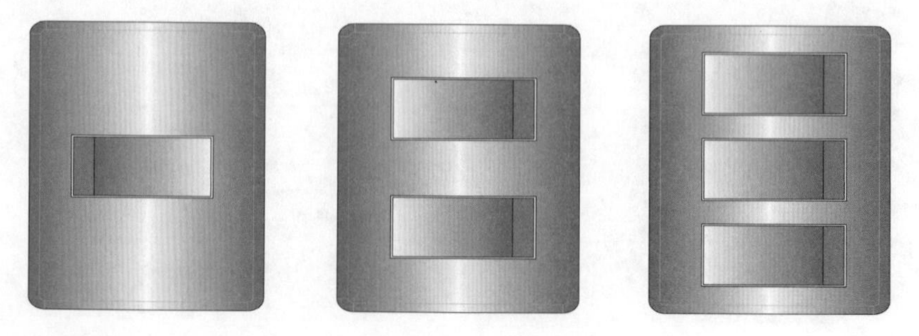

Figura 2.9 Interruptores de embutir de teclas simples, dupla e tripla.

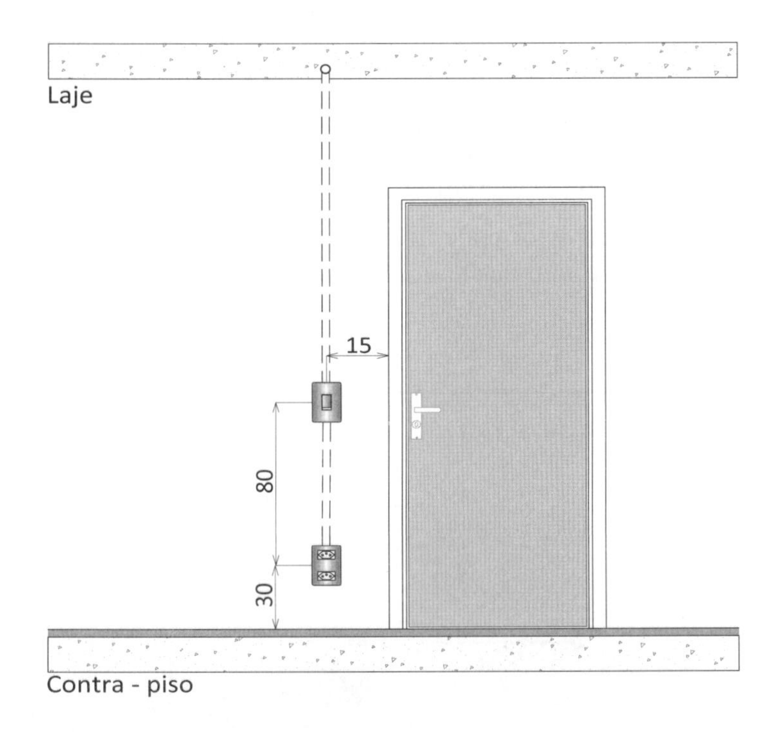

Figura 2.10 Instalação de interruptores.

DEFEITOS NOS INTERRUPTORES

Os interruptores elétricos podem apresentar diversos tipos de defeitos, alguns dos mais comuns são:

- Sobrecarga: é uma das principais causas de falha nos interruptores. Quando uma corrente elétrica é superior à capacidade de carga do interruptor, ele pode superaquecer e falhar.
- Contato falhando: o interruptor pode falhar em fazer contato com o circuito elétrico, o que pode resultar em uma falha na alimentação elétrica do dispositivo conectado.
- Curto-circuito: pode ocorrer quando o contato dentro do interruptor fica preso, criando um circuito elétrico fechado. Isso pode causar danos no interruptor e em outros equipamentos conectados a ele.
- Interruptor preso: o interruptor pode ficar preso em uma posição e não mudar para outra posição quando é acionado.
- Problemas com fiação: a fiação pode estar danificada, o que pode causar falhas no interruptor ou até mesmo um curto-circuito.

- Problemas de instalação: pode resultar em danos aos interruptores, como ligação elétrica dos terminais ou conexões soltas.
- Oxidação: a proteção é um dos principais motivos de falha nos interruptores, pois o contato elétrico é interrompido devido à corrosão causada pela exposição ao ar, umidade ou substâncias químicas.
- Desgaste: o interruptor pode ficar desgastado ao longo do tempo, especialmente se usado com frequência. Isso pode causar problemas de contato e outras falhas.

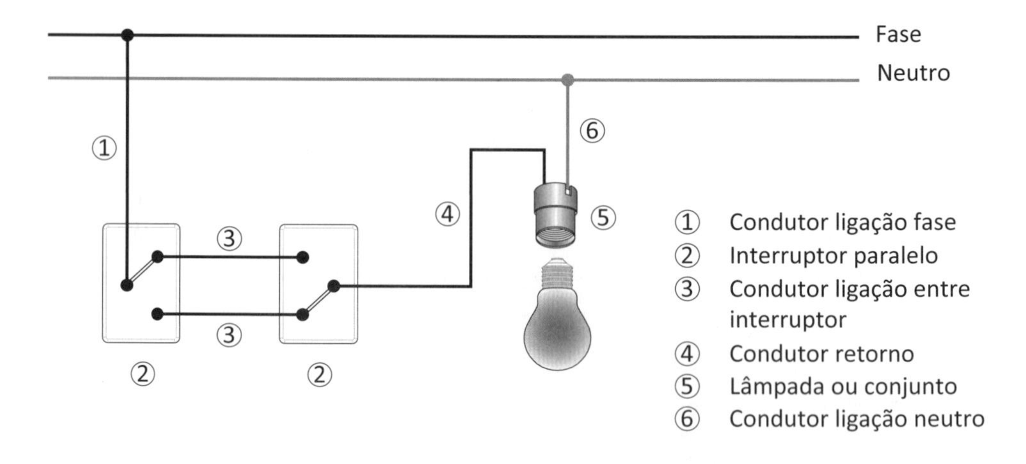

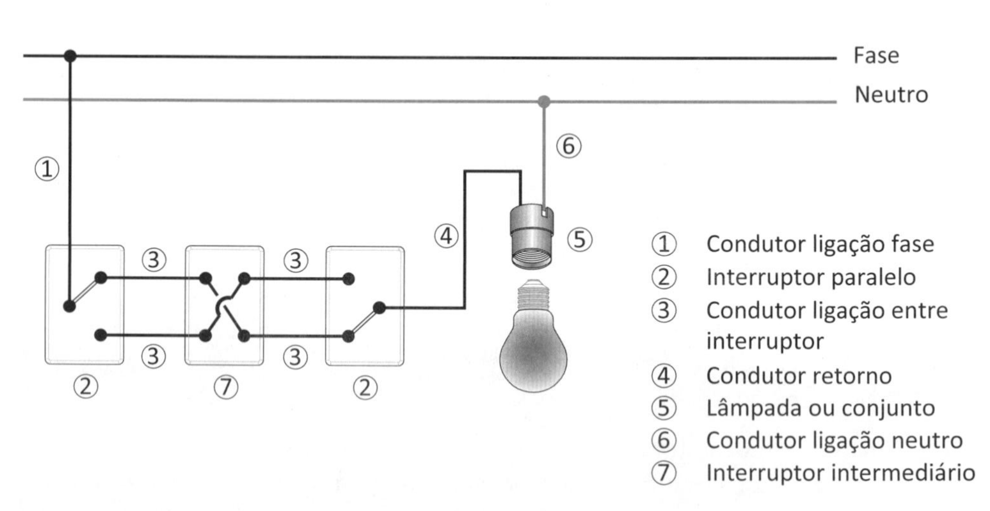

Obs.: Usam-se dois paralelos e tantos intermediários quantos forem os comandos acima de dois lugares.

Figura 2.11 Esquema de ligação e fiação de interruptor paralelo para o comando de apenas dois lugares.

DEFEITOS EM SISTEMAS DE AUTOMAÇÃO RESIDENCIAL

Os sistemas de automação residencial e dispositivos de segurança podem apresentar defeitos, assim como qualquer outro tipo de equipamento elétrico e eletrônico. Alguns dos possíveis defeitos que esses sistemas podem apresentar incluem:

- Falhas de comunicação no processo ou operação desejada;
- Falhas na memória, que resultam em comportamento inadequado do sistema;
- Problemas de alimentação elétrica, que podem causar falhas, reinicializações ou até mesmo danos permanentes;
- Erros de programação, que levam a comportamentos inesperados ou falha no sistema;
- Desgaste mecânico, que pode levar a problemas na operação do sistema e falhas no sistema de segurança, como sensores de presença e câmeras de segurança.

Por isso, é importante realizar manutenções preventivas regulares nos sistemas de automação residencial e dispositivos de segurança e seguir as melhores práticas de projeto e programação de sistemas de automação. Além disso, é essencial contratar profissionais capacitados para realizar a instalação e manutenção desses sistemas, garantindo que sejam instalados de acordo com as normas de segurança e elétricas. Em caso de defeitos ou falhas, é importante sempre buscar a ajuda de técnicos especializados para diagnosticar e corrigir os problemas de segurança e eficiência..

NEGLIGÊNCIA COM O GRAU DE PROTEÇÃO (IP)

Para saber se um produto possui proteção contra danos físicos, como choque elétrico, por exemplo, ou se é adequado para utilizar em áreas que são sujeitas à projeção de água ou contato com objetos estranhos prejudiciais ao seu funcionamento, é necessário verificar se ele possui uma identificação chamada IP (índice de proteção), que é seguida de dois numerais, exemplo IP33.

No entanto, um erro muito comum na escolha dos materiais é a especificação de dispositivos e componentes elétricos com grau de proteção IP incompatível com o local de instalação. Há quem pense, por exemplo, que a tomada que se instala dentro de casa é a mesma que se emprega parte externa da edificação. Esse é um erro que pode levar à degradação da tomada e dos cabos nela conectados, bem como causar derretimento da isolação dos cabos e curto-circuito.

O IP é o indicativo do grau de proteção de um produto. É um padrão internacional definido pela Comissão Eletrotécnica Internacional (IEC) para classificar e avaliar o grau de proteção de produtos eletrônicos fornecidos contra a entrada de poeira e água. Esse índice tem dois objetivos:

- especificar o nível de proteção para o contato de pessoas ou áreas do corpo em partes do produto energizado sem isolamento, ou a proteção contra a entrada de objetos sólidos estranhos, como poeira, por exemplo;

- indicar a proteção do equipamento em relação ao contato da água em seu interior.

Por exemplo, um equipamento que tem grau de proteção IP20 (Ver Tabela 2.2) não poderá ser instalado em ambientes externos, pelo fato de não ter nenhuma proteção contra água, assim corre o risco de danificar os componentes internos que estão instalados nesse equipamento.

IP 68 é o maior grau possível de proteção que um produto pode atingir. O ideal é que todos as peças tenham esse grau de proteção (IP 68), porém isso aumenta os custos de desenvolvimento e produção do item, pois exige mais barreiras contra água e objetos sólidos. É importante sempre considerar o Índice de Proteção (IP) indicado pelo fabricante, pois o mau uso pode causar algum dano funcional ao produto.

Tabela 2.2 Índice de proteção - IP

ÍNDICE DE PROTEÇÃO - IP

SEGUNDO ALGARISMO	
IP	PROTEÇÃO CONTRA LÍQUIDOS
0	Sem proteção
1	Proteção contra corpos superiores a 50mm (contato involuntário da mão)
2	Protegido contra corpos sólidos superiores a 12 mm (ex. dedos das mãos)
3	Protegido contra corpos sólidos superiores a 2,5mm (ex. ferramentas e cabos)
4	Protegido contra corpos sólidos superiores a 1mm (ex. ferramentas finas e pequenos cabos)
5	Protegido contra pó (sem sedimentos prejudiciais)
6	Totalmente protegido contra o pó

SEGUNDO ALGARISMO	
IP	PROTEÇÃO CONTRA LÍQUIDOS
0	Sem proteção
1	Protegido contra as quedas verticais de gota de água (condensação)
2	Protegido contra quedas de águas com direção até 15° na vertical
3	Protegido contra a água da chuva com direção até 60° na vertical
4	Protegido contra as projeções de água em todas as direções
5	Protegido contra jatos de água em todas as direções
6	Protegido contra jatos de água semelhante a golpe do mar
7	Protegido contra a imersão
8	Protegido contra os efeitos prolongados da imersão sob pressão

IP X X

Segundo numeral característico (proteção contra corpos sólidos)

Segundo numeral característico (proteção contra líquidos)

Fonte: ÍNDICE de proteção IP. *Legrand*, 2017. Disponível em: http://www.legrand.com.br/blog/noticias/referencias/indice-de-protecao-ip. Acesso em: 11 jan. 2022.

ILUMINAÇÃO INSUFICIENTE

A quantidade de aparelhos de iluminação, suas respectivas potências, bem como sua distribuição num dado local de uma edificação, devem, em princípio, ser obtidas por um projeto específico de iluminação, elaborado por um profissional capacitado. Portanto, uma das partes mais importantes do projeto de instalações elétricas prediais é a elaboração de uma planta baixa, onde serão especificados os pontos de iluminação e identificados também os pontos de tomadas.

Um projeto de iluminação deverá ser feito levando-se em conta as dimensões do ambiente, bem como a sua função, a atividade operacional e a quantidade de horas que as pessoas ficarão expostas à iluminação artificial.

Hoje, com as luminárias e lâmpadas em Led a potência com a mesma intensidade de luminosidade diminui consideravelmente, podendo ser usadas em instalações residenciais, comerciais e industriais..

Uma boa iluminação é muito mais do que apenas especificar uma luminária ou uma lâmpada para um ambiente. É necessário um planejamento. Esse planejamento é feito por meio de um cálculo luminotécnico. Atualmente, existem vários softwares para cálculo luminotécnico, sendo muito mais fácil e rápido para o projetista realizar esse cálculo. Para isso, a ABNT sugere a NBR 5413:1992 e a NBR 5410:2004 como guias para projetos luminotécnicos.

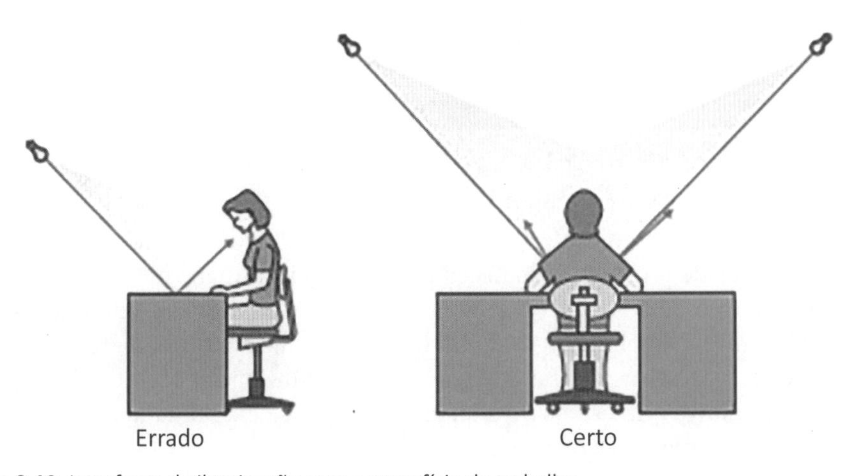

Figura 2.12 Interfaces da iluminação com a superfície de trabalho .

MÉTODOS PARA O CÁLCULO DA ILUMINAÇÃO

Existem vários métodos para o cálculo da iluminação. De acordo com a NBR 5410:2004, os principais métodos para o cálculo da iluminação são os seguintes:

- pela carga mínima exigida pela norma;
- pelo método dos Lúmens ou método do Fluxo Luminoso;

- pelo método das cavidades zonais;
- pelo método ponto por ponto;
- pelos métodos dos fabricantes.

Os métodos de cálculo mais usuais são: o método dos lúmens, definido pela Comissão Internacional de Iluminação (CIE) e o método ponto a ponto, que se baseia na Lei de Lambert, que define que a iluminância é inversamente proporcional ao quadrado da distância do ponto iluminado ao foco luminoso.

CARGA MÍNIMA DE ILUMINAÇÃO EXIGIDA PELA NBR 5410:2004

De acordo com a NBR 5410:2004, a carga de iluminação é feita em função da área do cômodo da residência. Os valores apurados por esse método correspondem à potência destinada à iluminação para efeito de dimensionamento dos circuitos, e não necessariamente à potência nominal das lâmpadas.

- para área igual ou inferior a 6 m^2, atribuir um mínimo de 100 VA;
- para área superior a 6 m^2, atribuir um mínimo de 100 VA para os primeiros 6 m^2, acrescidos de 60 VA para cada aumento de 4 m^2 inteiros.

Também é importante salientar que a NBR 5410:2004 não estabelece critérios para iluminação de áreas externas em residências. Portanto, a decisão fica por conta do projetista e do cliente.

MÉTODO DOS LÚMENS

O método dos Lúmens é o método mais utilizado para sistemas de iluminação em edificações. Esse método também é conhecido como Fluxo Luminoso (lúmens), ou seja, a quantidade de luminosidade necessária para determinado ambiente, que deve ser baseada no tipo de atividade desenvolvida, cores das paredes e teto e do tipo de lâmpada e luminária escolhidas. Além disso, é possível utilizar esse método para realizar análises comparativas de diferentes soluções de iluminação, facilitando a escolha da melhor alternativa em termos de eficiência energética e qualidade de iluminação. A sequência de cálculo é a seguinte:

- determinação do nível da iluminância;
- escolha da luminária e lâmpadas;
- determinação do índice do local;
- determinação do coeficiente de utilização da luminária;
- determinação do coeficiente de manutenção;
- cálculo do fluxo luminoso total (lúmens);
- cálculo do número de luminárias;
- ajuste final do número e espaçamento das luminárias.

MÉTODO DAS CAVIDADES ZONAIS

O método das cavidades zonais é utilizado quando se quer um cálculo mais preciso e detalhado, pois leva em conta, principalmente, a influência da reflexão das paredes, teto e piso do recinto no resultado final.

MÉTODO PONTO POR PONTO

É outro método básico muito utilizado para o dimensionamento de iluminação. O método Ponto por Ponto também chamado de método das intensidades luminosas baseia-se nos conceitos e lei básicas da luminotécnica e é utilizado quando as dimensões da fonte luminosa são muito pequenas em relação ao plano que deve ser iluminado. Consiste em determinar a luminância (lux) em qualquer ponto da superfície, individualmente, para cada projetor cujo facho atinja o ponto considerado. O iluminamento total será a soma dos iluminamentos proporcionados pelas unidades individuais.É um método mais empregado para a iluminação de exteriores ou para ajustes após o emprego de outros métodos.

LAMPADAS QUEIMANDO COM FREQUÊNCIA

Uma lâmpada queimando rapidamente em uma residência pode ser um problema na instalação elétrica ou na própria lâmpada. Existem alguns fatores que podem causar a queima rápida de uma lâmpada, tais como:

Voltagem incorreta: se a voltagem fornecida à lâmpada for muito alta ou muito baixa, isso pode fazer com que a lâmpada queime rapidamente.

Má qualidade da lâmpada: algumas lâmpadas podem ter uma vida útil mais curta do que outras devido à qualidade inferior dos materiais utilizados em sua fabricação.

Problemas na instalação elétrica: se houver algum problema com a fiação elétrica, como um curto-circuito ou sobrecarga, isso pode fazer com que a lâmpada queime rapidamente.

Vibrações: se a lâmpada estiver instalada em um local onde sofre muitas vibrações, como em um ventilador de teto, por exemplo, isso pode fazer com que a lâmpada queime mais rapidamente.

Portanto, se uma lâmpada queimar rapidamente depois de ter sido colocada, é importante verificar a instalação elétrica para descartar problemas nessa área e também verificar se a lâmpada é de boa qualidade.

A lâmpada também pode estar queimando devido a um problema com a luminária. O excesso de pressão de aparafusar uma lâmpada com muita força pode deformar a guia de conexão de metal, que fica na parte inferior do soquete do dispositivo de fixação, criando uma conexão frouxa com o passar do tempo e fazendo com que a lâmpada pisque. Isso reduzirá a vida útil da lâmpada.

Porém, a razão mais perigosa pela qual as lâmpadas continuam queimando diz respeito à voltagem da edificação que está muito alta. Se várias lâmpadas em diferentes cômodos da residência estão queimando com frequência ou em horários semelhantes, isso pode ser um sinal de que a voltagem da casa está elevada para a fiação elétrica. Este problema requer atenção imediata. A alta voltagem doméstica pode causar problemas de funcionamento elétrico que resultam em curtos-circuitos. Nesse caso, é imprescindível chamar um profissional para averiguar o que está ocorrendo.

Em instalações mais antigas, que têm muitas emendas nos cabos, as lâmpadas queimam com frequência. Isso gera pontos de aquecimento, podendo ocasionar fogo nos condutores e se alastrar pela residência.

A vida útil das lâmpadas também deve ser analisada pelo projetista e morador da residência. Nesse aspecto, uma das maiores vantagens da lâmpada LED em relação a outras tecnologias, como a fluorescente, diz respeito a sua durabilidade. As que têm tecnologia LED podem durar até 2,5 vezes mais que uma lâmpada fluorescente, mas muitas pessoas têm dúvidas relativas ao seu efetivo período de vida útil.

Entretanto, apesar das lâmpadas de LED não "queimarem" como as demais lâmpadas, ela vai perdendo seu brilho lentamente. A vida útil desse tipo de lâmpada é de 25 mil horas até que seu brilho caia a 70% da sua capacidade normal, momento em que os usuários passam a perceber a diminuição do brilho.

Existem alguns fatores que podem fazer com que algumas lâmpadas LED queimem com frequência, apesar de terem uma durabilidade maior do que outras lâmpadas. Além dos fatores já citados, nem todas as lâmpadas LED são criadas da mesma forma. Algumas marcas podem usar materiais de qualidade inferior ou ter um controle de qualidade menos rigoroso, o que pode resultar em lâmpadas mais propensas a falhas. Outro fator importante é o uso inadequado. Por exemplo, algumas luminárias podem não dissipar o calor adequadamente, o que pode fazer com que a lâmpada superaqueça e falhe mais rapidamente.

Figura 2.13 Lâmpadas queimando com frequência.

Figura 2.14 Lâmpadas econômicas e com alta durabilidade.

OSCILAÇÕES E QUEDA DE ENERGIA

Às vezes, a interrupção de energia não está relacionada com a instalação elétrica, mas se acontece com frequência, é importante investigar. O corte repentino de energia ou oscilações podem danificar aparelhos elétricos e eletrônicos e causar danos mais sérios, principalmente para as empresas que trabalham com dados ou serviços cruciais, como hospitais.

As oscilações e quedas de energia podem ocorrer pela partida de grandes cargas, mudança de rede, falha de equipamentos na rede, descargas elétricas e energia insuficiente para a demanda.

De acordo com o engenheiro Manoel Gameiro, em artigo publicado na AEC Web,[4]

> "as oscilações de potência podem ser planejadas ou não. Nas oscilações de potência planejadas, a concessionária reduz o consumo de energia temporariamente em horários de pico de demanda. Estas flutuações não costumam ser prejudiciais, tendo em vista que a maior parte das tecnologias e dos equipamentos existentes é projetada para lidar com este tipo de redução. Já as oscilações de potência não planejadas são mais complexas porque, de repente, a voltagem cai muito. Os aparelhos tentam funcionar normalmente, mas não conseguem, e podem sofrer danos."

Durante as oscilações de potência as luzes da edificação ficam fracas ou piscam. Quando isto ocorre deve-se entrar em contato com a concessionária imediatamente para comunicar o incidente. Em seguida, recomenda-se desligar as luzes e todos os aparelhos, exceto os que forem absolutamente necessários. É interessante deixar apenas uma luz ligada para saber quando o fornecimento de energia foi normalizado.

---

4 GAMEIRO, M. Como se prevenir contra oscilações do fornecimento de energia. *Revista digital AECweb*, 2010. Disponível em: https://www.aecweb.com.br/cont/a/como-se-prevenir-contra-oscilacoes-do-fornecimento-de-energia_3125.Acesso em: 10 jan. 2022.

Devem ser desligados todos os computadores que não estão usando *no-breaks* e adiar, para depois da oscilação no fornecimento de energia, os trabalhos que dependem da eletricidade. Os aparelhos da tomada elétrica devem ser desconectados para ajudar a protegê-los contra reduções ou picos de energia que podem ocorrer após a flutuação de potência. Os aparelhos de ar-condicionado também devem ser desligados. Se possível, desligar o disjuntor para interromper a condução de eletricidade.

Segundo o engenheiro Manoel Gameiro, após as oscilações de potência, é importante continuar a conservar energia depois de uma flutuação de potência, pois pode haver novas reduções de voltagem. É recomendável que as fontes de eletricidade sejam religadas uma de cada vez, com intervalos de alguns minutos entre elas. Nunca se deve ligar todas as fontes de eletricidade dentro de um período de apenas 15 minutos.

Outro fator que pode ocasionar a queda de tensão na rede é a distância, devido a própria resistência dos cabos, fazendo com que a tensão caia progressivamente a partir da fonte geradora, que no caso da distribuição elétrica é o transformador.

O mesmo pode ocorrer dentro da instalação predial, caso as distâncias entre o quadro de distribuição de circuitos (QDC) e as cargas sejam grandes.

Aparelhos de ar-condicionado, máquinas de lavar, forno microondas, entre outros equipamentos usados nas residências podem causar um aumento na corrente quando são acionados, que consequentemente altera o valor da tensão, porém quando essa variação atinge seu valor mais alto acaba sendo por um período de tempo muito curto.

OCORRÊNCIA DE SOBRETENSÕES TRANSITÓRIAS – SPDA E DPS

A causa mais frequente da queima de equipamentos elétricos e eletrônicos são as sobretensões (tensões cujos valores excedem o valor nominal da instalação) transitórias causadas por descargas atmosféricas (raios) ou manobras de circuito.

Muitas vezes negligenciado por construtores e usuários, a proteção contra descargas atmosféricas (PDA) deve ser dimensionada de acordo com a ABNT NBR 5419:2015 - Proteção contra descargas atmosféricas. A norma prevê a utilização de três métodos de posicionamento do Sistema de Proteção Contra Descargas Atmosféricas (SPDA) externo: o método Franklin (ângulo de proteção), a gaiola de Faraday e o método da esfera rolante (ou método eletrogeométrico).

O método Franklin, também conhecido como ângulo de proteção, consiste em utilizar uma haste metálica vertical, conhecida como captor Franklin, para interceptar a descarga atmosférica. A haste é conectada a um condutor que leva a descarga para a terra, protegendo a edificação ou estrutura em questão. O ângulo de proteção é definido como a inclinação máxima em relação à vertical que o captor Franklin pode ter para interceptar a descarga atmosférica com eficiência.

Já a gaiola de Faraday é um método de proteção que utiliza uma estrutura metálica que envolve a edificação ou estrutura em questão, formando uma espécie de gaiola. Essa estrutura metálica é conectada a um condutor que leva a descarga para a terra, protegendo a edificação ou estrutura em questão. A gaiola de Faraday funciona como um escudo, desviando a descarga atmosférica e protegendo o interior da gaiola de campos elétricos externos.

A principal diferença entre os dois métodos é a forma como a descarga atmosférica é interceptada. Enquanto o método Franklin utiliza uma haste metálica vertical para interceptar a descarga atmosférica, a gaiola de Faraday utiliza uma estrutura metálica envolvendo a edificação ou estrutura em questão para desviar a descarga.

O método da esfera rolante, também conhecido como método eletrogeométrico, é uma técnica de proteção contra descargas atmosféricas que consiste em utilizar uma haste metálica que termina em uma esfera rolante na extremidade superior. A haste é posicionada em um ponto alto da edificação ou estrutura a ser protegida, e a esfera rolante é projetada para criar um campo elétrico em torno dela, o que aumenta a probabilidade de a descarga atmosférica ser atraída para a esfera rolante, protegendo assim a edificação ou estrutura.

Ambos os métodos são eficientes e podem ser utilizados em diferentes situações, dependendo das características da edificação ou estrutura a ser protegida e das condições climáticas do local. É importante seguir as orientações específicas da NBR 5419:2015 para a seleção do método mais adequado para cada situação.

A falta de um SPDA adequado pode implicar em danos à edificação, queima de equipamentos e até mesmo riscos de choques elétricos para as pessoas. Isso porque uma descarga atmosférica pode causar uma grande quantidade de energia elétrica que pode danificar a estrutura e equipamentos elétricos presentes na edificação, além de ser um risco para as pessoas presentes no local.

Portanto, é importante seguir as normas técnicas estabelecidas pela ABNT para a instalação de um SPDA adequado, a fim de garantir a proteção necessária contra as descargas atmosféricas e evitar prejuízos à edificação e às pessoas.

Porém, o SPDA, isoladamente, é insuficiente para proteger os equipamentos eletroeletrônicos de um imóvel. Também é necessário considerar elementos de proteção interna como DPS (dispositivo de proteção contra surtos).

O DPS é um dispositivo de proteção contra surtos elétricos, que é essencial para proteger os equipamentos elétricos e eletrônicos, evitando que eles queimem. Os dispositivos de proteção contra surtos (DPS) são capazes de evitar danos aos equipamentos, descarregando para o condutor terra os pulsos de alta tensão causados pelos raios.

Conforme orientação da CPFL (Companhia Paulista de Força e Luz), o DPS nos padrões de energia é obrigatório nos sistemas elétricos prediais desde 01/02/2019.

A NBR 5419:2015 (Parte 4) fornece orientações específicas para a instalação de Dispositivos de Proteção contra Surtos (DPS), e é importante seguir essas orientações para garantir que o DPS funcione corretamente e proporcione a proteção adequada contra surtos elétricos.

A instalação do DPS em locais incorretos ou sem seguir as orientações estabelecidas pela NBR 5419:2015 pode comprometer a eficácia do dispositivo, e consequentemente, não oferecer a proteção adequada contra surtos elétricos, o que pode danificar equipamentos, causar prejuízos financeiros e até mesmo colocar a vida das pessoas em risco.

Por isso, é recomendável que a instalação de DPS seja realizada por profissionais capacitados e com conhecimento das normas técnicas, a fim de garantir a proteção necessária contra surtos elétricos e evitar prejuízos e riscos à segurança.

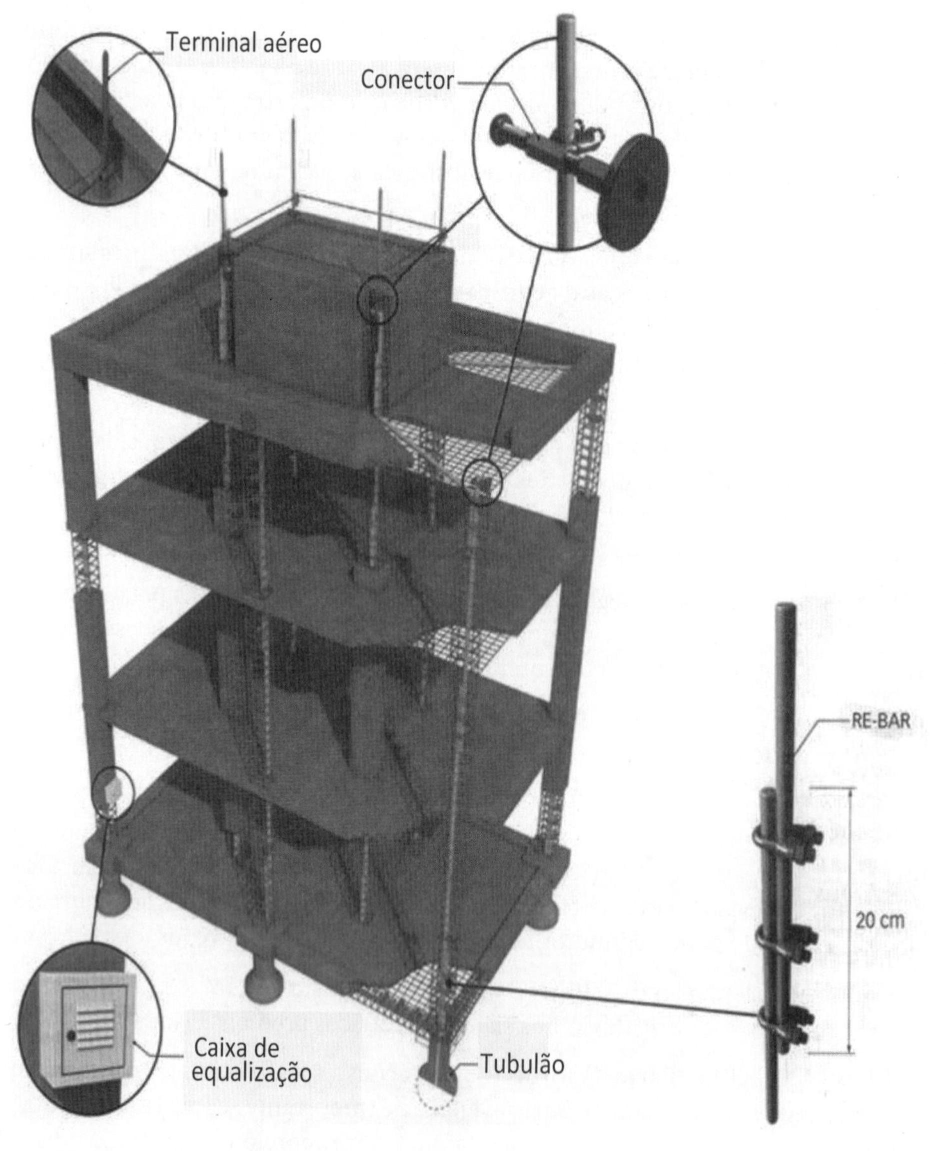

Figura 2.15 Sistema de proteção tipo Franklin.

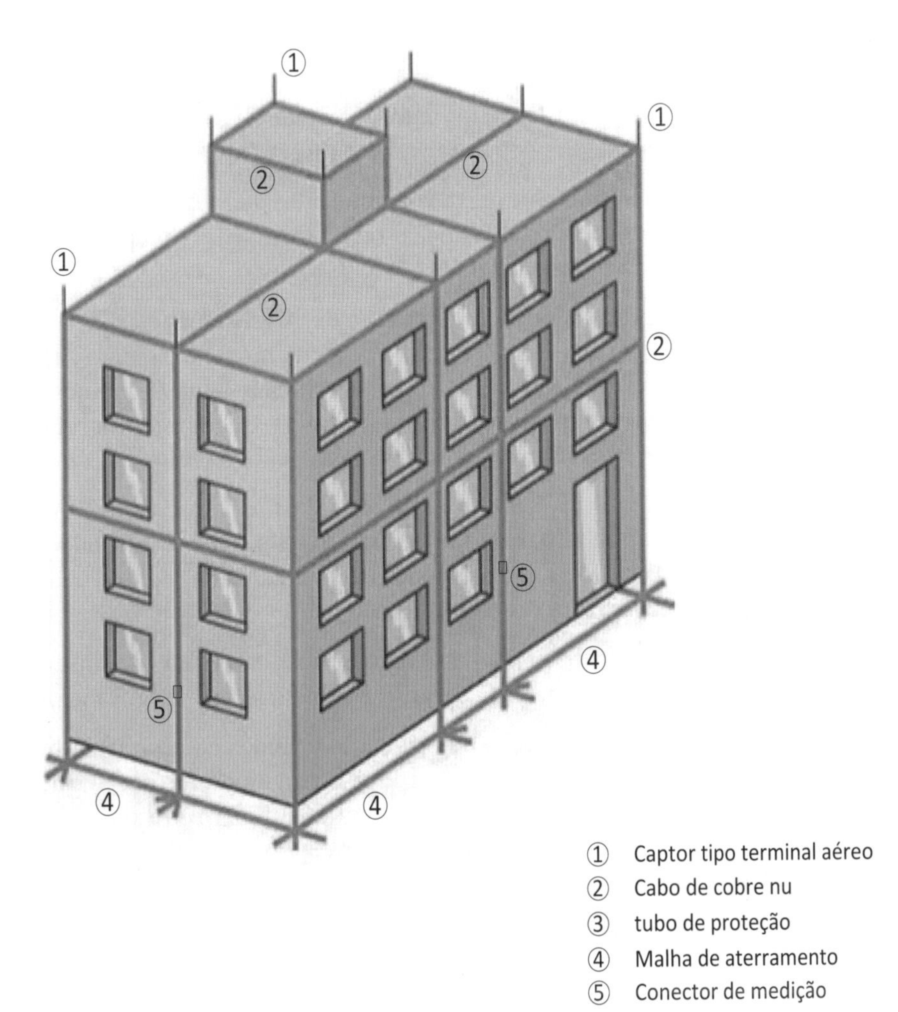

Figura 2.16 Sistema de proteção tipo gaiola de Faraday.

ERROS COMUNS NA INSTALAÇÃO DE UM SPDA

O Brasil é líder mundial na incidência de descargas atmosféricas, com cerca 77,8 milhões de descargas no solo a cada ano. Em relação ao número de mortes provocadas pelo fenômeno, o país ocupa a 7ª posição mundial: neste século já foram registrados 2.194 casos, uma média de 110 casos por ano no período. O levantamento foi elaborado pelo Grupo de Eletricidade Atmosférica (ELAT) do Instituto Nacional Pesquisas Espaciais. Essa por si só já é uma afirmação que ressaltaria a importância do projeto e da execução de SPDA, bem como a utilização de materiais e produtos de qualidade.

A instalação de um Sistema de Proteção Contra Descargas Atmosféricas (SPDA), requer um projeto adequado para garantir a eficiência e segurança do sistema.

É fundamental que seja realizada uma análise de risco de descargas atmosféricas na região para determinar o nível de proteção necessário para a edificação ou estrutura a ser protegida. Se essa análise não for realizada, pode haver uma subproteção ou sobreproteção do local.

No projeto, também é importante que os componentes do SPDA sejam especificados corretamente, de acordo com as normas e regulamentações aplicáveis, para garantir a eficiência e a segurança do sistema.

O SPDA deve ser integrado adequadamente com outros sistemas elétricos e eletrônicos da edificação ou estrutura, como o sistema de aterramento e o sistema de proteção contra surtos, para garantir a proteção adequada e evitar falhas ou danos em outros sistemas. Seus componentes devem ser instalados adequadamente, seguindo as orientações e as normas aplicáveis, para garantir a eficiência e a segurança do sistema.

Além dos cuidados com o projeto e a instalação, é importante que o SPDA seja submetido a manutenção regular para garantir o seu funcionamento adequado e a sua eficiência ao longo do tempo. Se a manutenção não for realizada, podem ocorrer falhas no sistema que comprometam a sua eficácia.

É fundamental que um profissional habilitado e capacitado seja responsável pelo projeto e pela instalação do sistema para garantir a sua eficiência e segurança.

Para elaboração de projeto, execução da instalação e laudos é necessário o recolhimento de ART de um profissional habilitado. Apesar disso, muitos erros são cometidos nessas etapas porque alguns projetistas e instaladores descumprem o recomendado pela norma. A falta de conhecimento do instalador, prazos apertados, falhas de especificações e razões econômicas pioram ainda mais o problema.

A boa execução de um SPDA é um fator essencial para que o seu funcionamento seja garantido. Dessa forma, o amplo conhecimento técnico sobre o tema é vital para os instaladores de SPDA. Afinal, a principal função do SPDA é proteger as vidas das pessoas, e caso o funcionamento desse sistema esteja comprometido, os usuários podem ter suas vidas colocadas em risco.

AUSÊNCIA OU FALTA DE ATERRAMENTO DO SISTEMA ELÉTRICO

O solo é um grande depósito de energia, por essa razão pode fornecer ou receber elétrons, neutralizando uma carga positiva ou negativa. Nas instalações elétricas prediais, o aterramento é extremamente necessário, pois, por meio disso, estabelece essa ligação com a terra, estabilizando a tensão em caso de sobretensões, evitando, dessa forma, danos à instalação, aos aparelhos e aos equipamentos. Em instalações elétricas prediais, a ausência ou falta de aterramento é responsável por muitos acidentes elétricos com vítimas.

Nas instalações prediais, temos que instalar o BEP (barramento equipotencial) em que todos os aterramentos deverão estar interligados para não haver a diferença de potencial e com isso provocar choque e queimas de equipamentos. Ao conectar todos os aterramentos em um único ponto através do BEP, é possível garantir que qualquer corrente elétrica indesejada que possa surgir em algum ponto da instalação seja distribuída de maneira uniforme e não cause danos aos equipamentos ou riscos aos usuários.

Além disso, o BEP também é utilizado para interligar o Sistema de Proteção contra Descargas Atmosféricas (SPDA) e os sistemas de telecomunicações, evitando que descargas elétricas ou interferências eletromagnéticas causem danos aos equipamentos e aos usuários.

O aterramento da caixa do medidor, bem como do quadro de distribuição de energia e dos aparelhos eletrodomésticos que serão utilizados na edificação, é uma medida de segurança importante e obrigatória em todas as instalações elétricas residenciais e comerciais. É extremamente importante que o aterramento seja feito por um profissional capacitado e experiente. Além disso, é recomendável que o aterramento seja verificado periodicamente para garantir que esteja funcionando corretamente. O teste de é um procedimento relativamente simples, que pode ser feito com o uso de um medidor específico, conhecido como terrômetro..

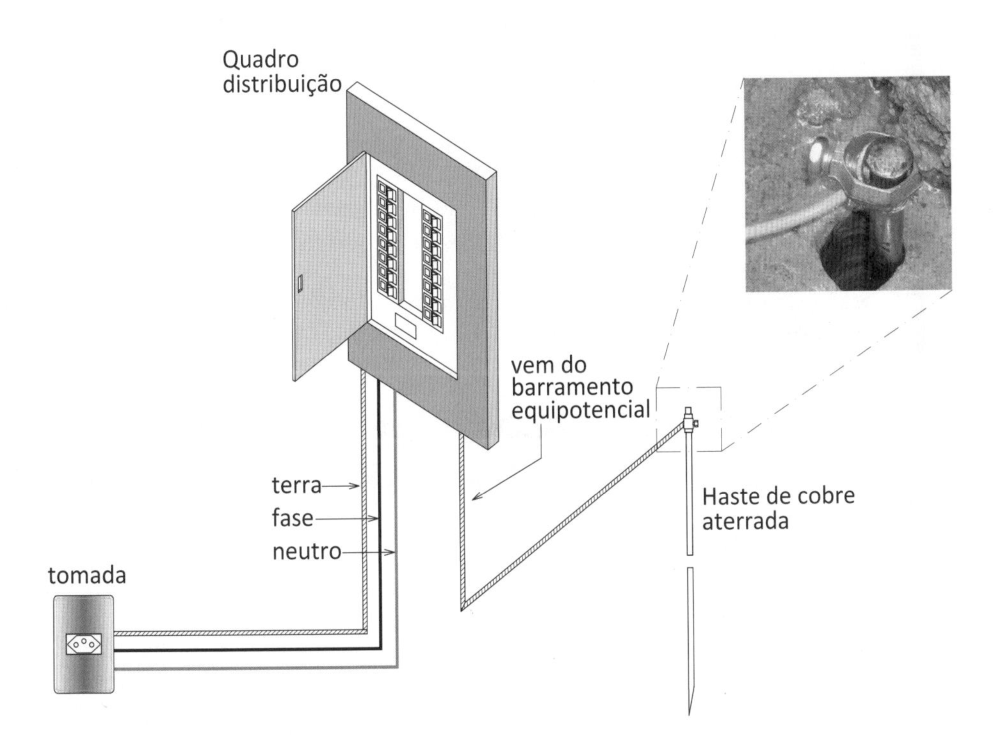

Figura 2.17 Aterramento do quadro de distribuição.

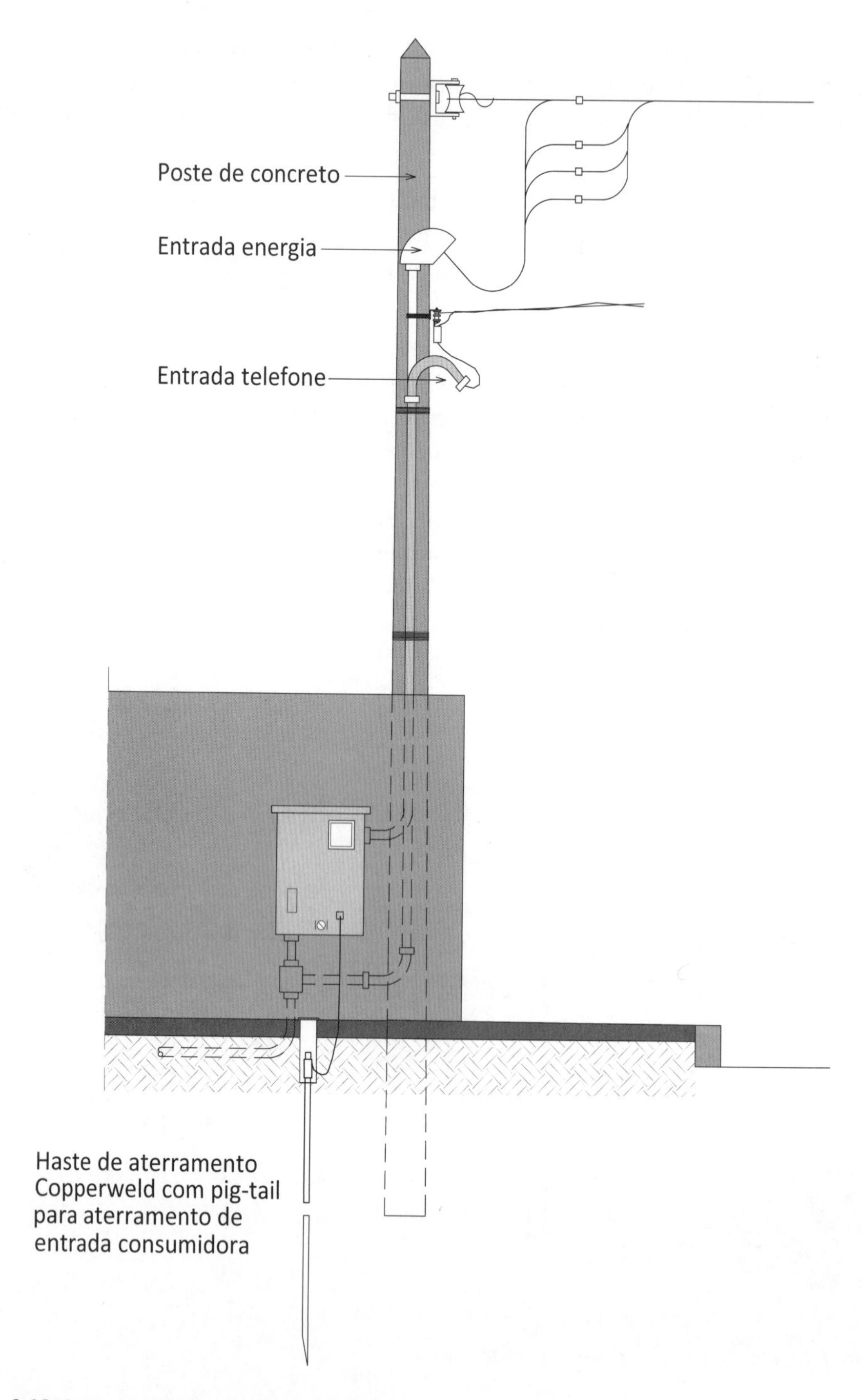

Figura 2.18 Aterramento do quadro de medição.

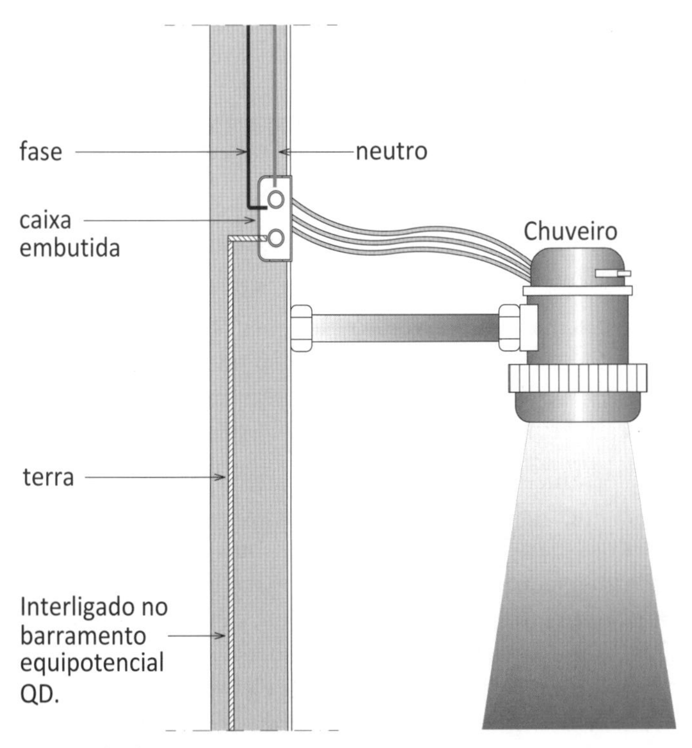

Figura 2.19 Aterramento de chuveiro.

Existem basicamente três esquemas de aterramento possíveis para uma instalação em baixa tensão, seja em corrente contínua ou alternada, conhecidos como TN (TN-C, TN-S, TNC-S), TT ou IT. Os esquemas mais utilizados em instalações residenciais são: TN-C, TNC-S e TT.

A primeira letra indica a situação da alimentação em relação à terra:

T = um ponto diretamente aterrado;

I = todos os pontos de fase e neutro são isolados em relação à terra ou a um dos pontos e isolados através de uma carga.

A segunda letra indica a situação das massas da instalação elétrica em relação à terra:

T = massas diretamente aterradas, independentemente do aterramento da alimentação;

N = massas ligadas ao ponto de alimentação aterrado (normalmente o ponto neutro).

Outras letras (eventuais) indicam a disposição do condutor neutro e do condutor de proteção:

S = funções de neutro e de proteção asseguradas por condutores distintos;

C = funções de neutro e de proteção combinadas em um único condutor (condutor PEN).

Em sistemas TN-C o dispositivo DR somente poderá ser instalado se o circuito protegido for transformado em TN-S, caracterizando-se um sistema TNC-S. No esquema TN-S, as funções do condutor Neutro (N) e do condutor de Proteção (PE) são distintas na rede. No esquema TNC-S, em parte do sistema as funções do condutor Neutro (N) e do condutor de Proteção (PE) são combinadas em um único condutor (PEN).

O esquema TT possui um ponto da alimentação diretamente aterrado, estando as massas da instalação ligadas a eletrodo(s) de aterramento eletricamente distinto(s) do eletrodo de aterramento da alimentação.

Entre os três esquemas disponíveis, o esquema IT é o menos difundido, sendo a sua utilização muito associada a ambientes hospitalares específicos, onde existe na forma do famoso IT médico, embora seu uso seja indicado em todas as instalações cuja continuidade do fornecimento de energia elétrica seja uma prioridade.

A falta de aterramento adequado no sistema elétrico pode levar a várias manifestações patológicas que podem prejudicar a segurança e o desempenho do sistema. Algumas das manifestações patológicas mais comuns que podem ocorrer por falta de aterramento adequado incluem: maior risco de choques elétricos em pessoas que manuseiam equipamentos ou instalações elétricas; danos a equipamentos eletroeletrônicos, como computadores, televisores, eletrodomésticos, entre outros; ruídos e interferências eletromagnéticas na rede elétrica, prejudicando o desempenho de equipamentos eletroeletrônicos e a qualidade da energia elétrica; sobreaquecimento de cabos e componentes; perda de eficiência de dispositivos de proteção contra sobretensões e curtos-circuitos, aumentando o risco de danos a equipamentos eletroeletrônicos e até mesmo de incêndios.

Essas são algumas das manifestações patológicas que podem ocorrer por falta de aterramento adequado no sistema elétrico. É importante que o aterramento seja realizado de forma adequada, seguindo as normas e regulamentações aplicáveis, para garantir a segurança e a eficiência do sistema elétrico.

REGRAS BÁSICAS PARA DIVISÃO DE CIRCUITOS

Ao dividir a instalação em circuitos, e ao distribuir os circuitos entre as fases, deve-se sempre equilibrar ao máximo as correntes nas diferentes fases, isto é, as potências instaladas em cada fase devem ser muito próximas umas das outras.

Ao estabelecer o número de circuitos e a potência dos circuitos, recomenda-se não exceder o limite de cada ramal, sob risco de superaquecimento dos cabos, variação na tensão e desarme constante dos disjuntores.

Devido a grande quantidade de instalações, que não possuem uma divisão correta de circuitos, conhecer algumas dicas e regras sobre a divisão de circuitos é fundamentalmente importante para o instalador.

Os pontos localizados na cozinha, por exemplo, precisam de circuito exclusivo para aquele local. Quando se projeta a ligação de um ponto (equipamento) na instalação com corrente superior a 10A também precisa de um circuito específico, por exemplo: chuveiros elétricos.

A divisão da instalação elétrica em circuitos terminais segue critérios estabelecidos pela NBR 5410:2004 (Instalações Elétricas de Baixa Tensão – Procedimentos), da ABNT. De acordo com a norma, devem ser previstos circuitos de iluminação separados dos circuitos de tomadas de uso geral. Os circuitos com pontos de luz e tomadas de uso geral devem ser racionalmente divididos pelos setores da unidade residencial (social, íntimo, serviço etc.).

Para que a divisão de circuitos seja adequada devem ser observadas as seguintes condições:

- a carga total deve ser dividida de modo a construir circuitos de potências próximas, porém sem ultrapassar 1.200 watts em distribuições de 110 volts e 2.200 watts em distribuição de 220 volts, em 12 pontos de luz por circuito;
- cada circuito deverá ter seu próprio condutor neutro;
- devem ser previstos circuitos exclusivos para aparelhos de potência igual ou superior a 1.200 watts em distribuições de 110 volts e de 2.200 watts em distribuições de 220 volts (chuveiros elétricos, aquecedores de água, micro-ondas, máquinas de lavar, etc.);
- circuitos que necessitem de corrente maiores que 20 A para um aparelho, caso de um chuveiro não se deve usar tomadas e sim uma conexão direta com emendas;
- os pontos de cozinha, copas, copas-cozinhas, áreas de serviço, lavanderias e locais análogos devem ser atendidos por circuito exclusivamente destinado a alimentação de tomadas desses locais.

A divisão de circuitos em uma edificação deve ser feita com cuidado para garantir a segurança e o desempenho adequado do sistema elétrico. Alguns dos principais erros que podem ocorrer na divisão de terminais de circuitos em uma residência incluem: sobrecarga, o que pode causar queda de disjuntores e até mesmo incêndios; desbalanceamento, que pode prejudicar o desempenho de equipamentos elétricos e causar queda de disjuntores; falta de proteção adequada de equipamentos elétricos, aumentando o risco de danos e acidentes elétricos; desorganização do sistema elétrico, dificultando a manutenção e a identificação de problemas; falta de tomadas, que pode dificultar o uso de equipamentos elétricos e causar sobrecarga de circuitos existentes.

É importante que a divisão de terminais de circuitos em qualquer edificação seja realizada por um profissional qualificado, seguindo as normas e regulamentações, para garantir a segurança e o desempenho adequado do sistema elétrico.

PONTOS DE LUZ E TOMADAS NO MESMO CIRCUITO

Caso a instalação de circuitos de iluminação e tomadas pertença ao mesmo circuito terminal, na eventualidade de uma pane em uma tomada ou num ponto de luz, isso deixa uma parte ou totalidade da residência às escuras, e até mesmo causa sobrecarga na fiação por falta de distribuição de circuitos corretamente. Por isso, devemos evitar a iluminação e tomadas no mesmo circuito.

Os pontos de iluminação e tomadas só podem fazer parte de um mesmo circuito se este não ultrapassar a corrente de 16A e tiver um outro circuito nessa edificação para iluminação e outro para tomadas (com exceção de edificações comerciais ou análogas).

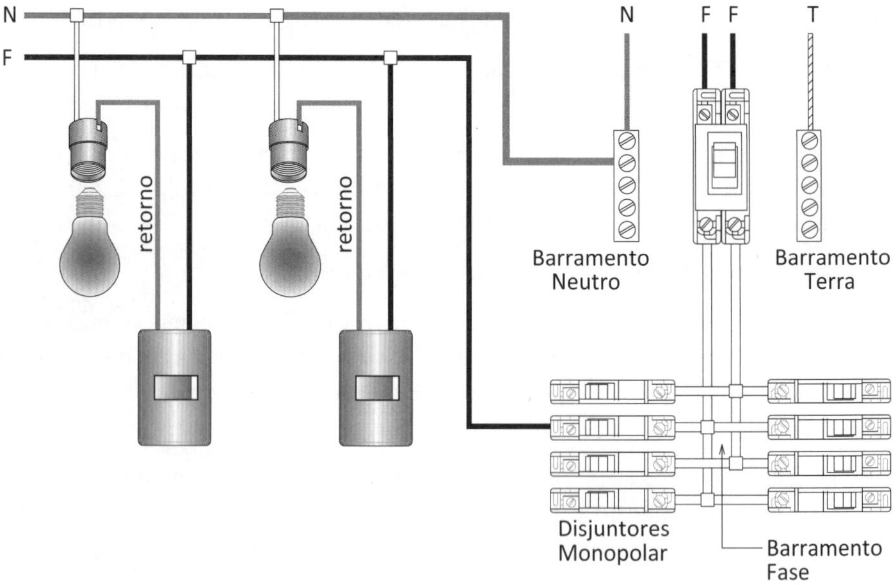

Figura 2.20 Circuito de iluminação (FN).

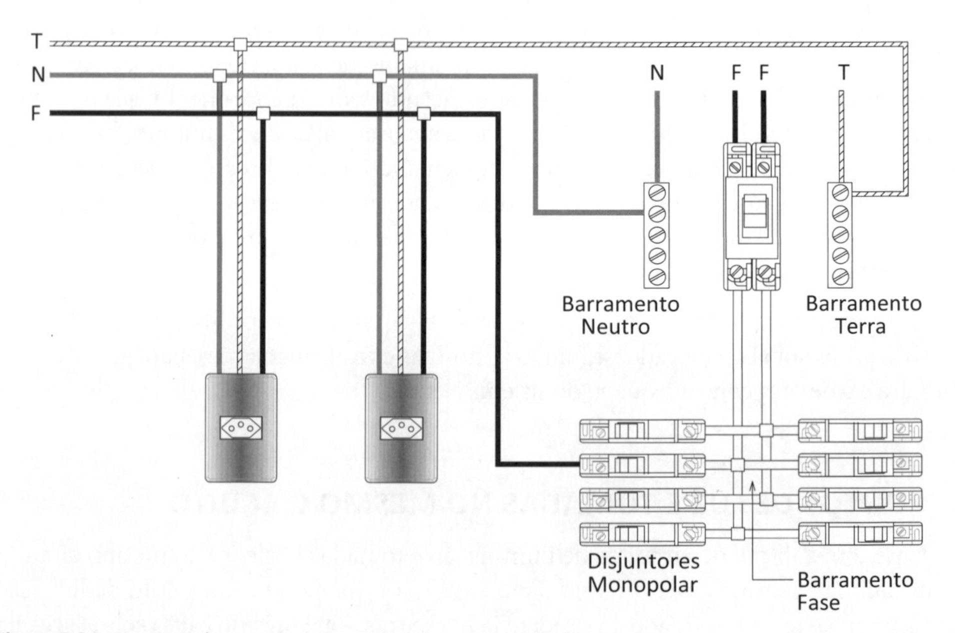

Figura 2.21 Circuitos de pontos de tomadas de uso geral (FN).

DISPOSITIVOS DE PROTEÇÃO DE CIRCUITOS

É importante ressaltar que instalações antigas e que não sofreram manutenção elétrica por longos períodos podem não estar adaptadas às normas de segurança hoje vigentes, devendo ser reformadas de modo a atender todas as especificações técnicas atuais.

Os disjuntores são dispositivos de proteção que devem estar presentes em todas as instalações residenciais, comerciais e industriais. Isto ocorre devido ao fato de serem obrigatórios em todas as instalações, segundo a norma NBR 5410:2004. Por essa razão, é muito importante utilizar disjuntores adequados nas instalações elétricas.

Cada circuito terminal da instalação elétrica deve ser ligado a um dispositivo de proteção, o qual pode ser um disjuntor termomagnético (DTM) e/ou um disjuntor diferencial residual (DR).

DISJUNTOR TERMOMAGNÉTICO (DTM)

Os disjuntores termomagnéticos de baixa tensão (DTM) são os dispositivos mais usados atualmente em quadros de distribuição de energia. São ideais para proteger instalações elétricas contra sobrecargas e curtos-circuitos, tanto em disposições residenciais quanto em estabelecimentos comerciais e industriais.

Esses disjuntores protegem as linhas de transmissão de energia através da temperatura e oferecem proteção aos fios do circuito, desligando-o automaticamente quando há ocorrência de uma sobrecorrente provocada por um curto-circuito ou sobrecarga; permitem a manobra manual, como um interruptor, e seccionam somente o circuito necessário, em uma eventual manutenção.

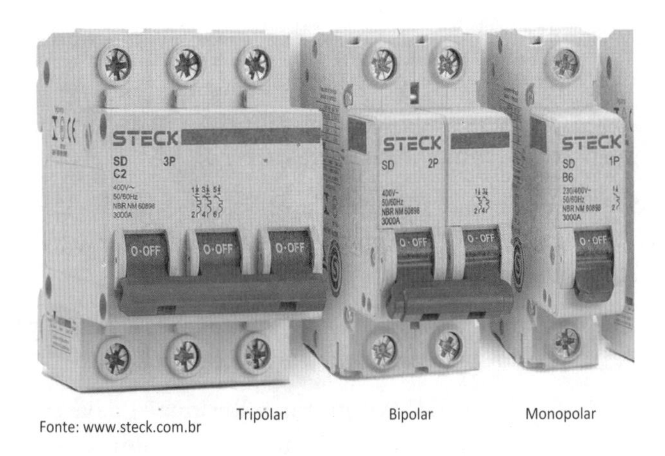

Fonte: www.steck.com.br

Figura 2.22 Tipos de disjuntores termomagnéticos.

No mercado existem alguns tipos de disjuntores específicos para cada tipo de instalação elétrica, como por exemplo os disjuntores unipolares, bipolares e tripolares, que são aplicados em redes monofásicas, bifásicas ou trifásicas. Veja as suas características:

- Disjuntor Unipolar: indicado para circuitos com uma única fase. Ex: circuitos de iluminação e tomadas em sistemas fase/neutro (127 ou 220 V);
- Disjuntor Bipolar: indicado para circuitos com duas fases. Ex: circuitos para chuveiros e torneiras elétricas em sistemas Bifásicos fase/fase (220 V);
- Disjuntor Tripolar: indicado para circuitos com três fases. Ex: circuitos para motores em sistemas trifásicos (220 ou 380 V).

DISJUNTOR DIFERENCIAL RESIDUAL (DR)

O disjuntor diferencial residual (DR) é um dispositivo supersensível às menores fugas de corrente. É um componente obrigatório que afeta diretamente a segurança das pessoas que residem ou trabalham no local. Ele protege contra choques elétricos, ocasionados, por exemplo, por fios descascados, equipamentos antigos como lavadora de roupa, geladeira, ou por uma criança que introduza o dedo ou qualquer objeto numa tomada. De atuação imediata, o DR desarma e interrompe a passagem de corrente assim que identifica anomalias. Ele é determinante em locais que podem molhar, como cozinha, banheiro, área de serviços, piscinas, saunas etc.

De acordo com o item 5.1.3.2.2 da norma NBR 5410:2004, o dispositivo DR é obrigatório desde 1997 nos seguintes casos:

- em circuitos que sirvam a pontos de utilização situados em locais que contenham chuveiro ou banheira;
- em circuitos que alimentam tomadas e iluminação situadas em áreas externas à edificação;
- em circuitos que alimentam tomadas situadas em áreas internas que possam vir a alimentar equipamentos na área externa;
- em circuitos que sirvam a pontos de utilização situados em cozinhas, copas, lavanderias, áreas de serviço, garagens e demais dependências internas normalmente molhadas ou sujeitas a lavagens.

Os circuitos que não se enquadram nas recomendações e exigências aqui apresentadas poderão ser protegidos por disjuntores termomagnéticos.

A instalação de dispositivos DR (Disjuntores Residuais) deve seguir as normas e regulamentações específicas para o tipo de instalação e sistema elétrico em questão. O uso do sistema de aterramento TN-S (terra e neutro separados) pode ser uma opção recomendada em algumas instalações para garantir o desempenho adequado do dispositivo DR.

No entanto, é importante ressaltar que o dispositivo DR pode ser utilizado em outras configurações de sistemas de aterramento, desde que sejam seguidas as normas e regulamentações cumpridas e que o dispositivo seja instalado corretamente.

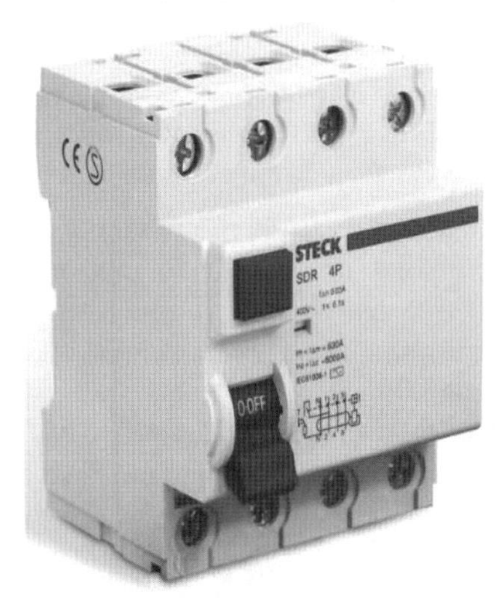

Fonte: www.steck.com.br

Figura 2.23 Disjuntor diferencial residual (DR).

Existem diferentes tipos de disjuntores DR disponíveis no mercado. O disjuntor DR bipolar é o tipo mais comum de disjuntor DR, com capacidade de proteger duas fases ao mesmo tempo. É utilizado em instalações elétricas residenciais e comerciais de pequeno porte. Em geral, a escolha do tipo de disjuntor DR a ser utilizado deve levar em consideração as características da instalação elétrica e as necessidades específicas do projeto. É importante contar com a orientação de um profissional qualificado para garantir a escolha adequada do dispositivo de segurança elétrica.

Nas instalações elétricas em geral, o dimensionamento dos condutores deve ser compatível com os dispositivos de proteção, o que na realidade, em muitos casos, não ocorre. Por exemplo, é comum encontrar nas instalações condutores com seção 2,5 mm com disjuntor de 25 A e até de 30 A, sendo que o correto seria 20 A. Dessa forma não haverá proteção contra correntes de sobrecarga, provocando superaquecimento dos condutores e elevar o perigo de incêndio.

É importante ressaltar que a utilização de disjuntores com potencial de interrupção de corrente acima do necessário, ou seja, acima da capacidade de corrente dos condutores, poderá danificar as instalações e os aparelhos elétricos; por outro lado, se a corrente elétrica desses dispositivos de proteção estiver abaixo do indicado, ocorrerá o desarme constante dos disjuntores.

Assim, é sempre necessário realizar um estudo de coordenação entre a corrente solicitada pela carga (corrente de projeto), a corrente nominal do dispositivo de proteção (disjuntor) e a capacidade de corrente suportada pela linha (fio, cabo, barra) elétrica.

QUEDA DE DISJUNTORES

Os desligamentos dos disjuntores depois de um tempo de uso devem ser encarados como um relevante sinal de alerta, que indica a necessidade da contratação de um profissional capacitado para análise e diagnóstico do problema.

A queda dos disjuntores é um problema que se observa com frequência nas instalações elétricas prediais. Isso acontece geralmente ao usar equipamentos que exigem muito da rede elétrica, como o chuveiro ou o ar-condicionado. O disjuntor desarma depois de um tempo por causa do superaquecimento.

O superaquecimento pode ter várias causas: instalação com defeito, sobrecarga da rede, subdimensionamento da fiação, e, consequentemente, de seu dispositivo de proteção (disjuntor), que desarma para a proteção das instalações elétricas, ou simplesmente um parafuso mal apertado no contato (borne) do disjuntor. Dessa forma, quando esse problema se torna recorrente, é preciso investigar imediatamente o que está causando a queda do disjuntor. Caso ele desarme constantemente, e não seja tomada nenhuma providencia, poderá perder o fator de segurança e acabar causando incêndios graves.

A ocorrência excessiva de queima de fusíveis, ou desarme de disjuntores, quando dois ou mais aparelhos elétricos estiverem ligados ao mesmo tempo, deve-se basicamente a: subdimensionamento da fiação, e, consequentemente, de seu dispositivo de proteção (disjuntor) que os desarmam para a proteção das instalações elétricas.

PRÁTICAS INADEQUADAS PARA EVITAR A QUEDA DE DISJUNTORES

Quando o disjuntor desliga o circuito de maneira contínua, alguns usuários, ou mesmo o prestador de serviços sem conhecimento técnico, optam por trocar o dispositivo por outro que suporte correntes maiores. Entretanto, essa ação não é recomendada e o risco de acidente é alto. Afinal, o disjuntor desarma para proteger o circuito. Ele deve ser dimensionado sempre com amperagem um pouco abaixo da capacidade do cabo justamente para que desarme antes de aquecer o cabo.

Figura 2. 24 Prática inadequada para evitar o desarme do disjuntor.

SOBRECARGA NO SISTEMA ELÉTRICO

A sobrecarga nas instalações elétricas prediais pode ocorrer em qualquer tipo de edificação. O problema, normalmente, surge a partir de erros cometidos na elaboração do projeto ou por falhas que acontecem durante a operação do sistema.

Por definição, a sobrecarga elétrica é decorrente do excesso de carga ligada em determinado circuito e/ou tomada. Em outras palavras, ao conectar diferentes equipamentos no mesmo ponto, a corrente elétrica passa a ser maior do que aquela suportada pelos fios e cabos. Um exemplo muito comum é quando o usuário conecta de maneira irrefletida todo tipo de equipamento, sem analisar a potência do aparelho, em qualquer tomada, além do uso do famoso benjamim (também conhecido como "tê") ou outros métodos não mais seguros de redistribuição de energia por meio de uma única fonte.

Essa prática não é recomendada, já que esses dispositivos não possuem a mesma segurança de uma tomada adaptada para a utilização por múltiplos aparelhos (tomada dupla, tripla etc.).

A ausência de dispositivos de proteção também é um item crítico para ocasionar uma sobrecarga, assim como o desgaste natural dos itens de uma rede, além da improvisação e instalação de componentes elétricos realizada por profissionais sem capacitação.

Outro fator que pode ocasionar sobrecargas é o uso equivocado de aparelhos de alto consumo de energia elétrica (forno microondas, máquinas de lavrar etc.), utilizando-se de tomadas de uso geral (TUG) para alimentação desses utensílios.

Nesse caso, a correção é feita pela instalação de uma tomada de uso específico (TUE) ou ponto de energia exclusivo para aquele aparelho, de modo a evitar que seu consumo excessivo cause problemas na rede e acabe causando a sobrecarga.

O curto-circuito, por sua vez, também pode ter origem na sobrecarga elétrica. Isso acontece devido ao excesso de corrente causada por uma falha, provocando a ligação direta de uma das fases de determinado circuito a outra fase, ou a um condutor neutro.

Um sinal de alerta de que está ocorrendo uma sobrecarga no sistema elétrico é o desligamento continuo dos disjuntores (dispositivos de proteção dos circuitos). Para evitar esse tipo de situação, a instalação elétrica de uma edificação deve ser bem dimensionada e corretamente dividida em circuitos terminais, que atendam aos critérios e aos requisitos estabelecidos na NBR 5410:2004 (Instalações Elétricas de Baixa Tensão – Procedimentos), da ABNT. Isso facilita a operação e a manutenção da instalação, e reduz a interferência quando ocorre a utilização de aparelhos e equipamentos elétricos. Além disso, a queda de tensão e a corrente nominal serão menores, proporcionando dimensionamento de condutores e dispositivos de proteção de menor seção e capacidade nominal, o que facilita a passagem dos condutores nos eletrodutos e as ligações deles aos terminais dos aparelhos de utilização.

Outra medida importante para evitar a sobrecarga da rede elétrica, é nunca instalar equipamentos sem consultar um profissional sobre a viabilidade da rede. Também é importante evitar o uso de vários equipamentos em uma única tomada. Ao tomar esses cuidados simples, é possível prevenir uma série de problemas graves.

Entretanto, se for constatada a existência de sobrecargas no sistema elétrico, algumas medidas corretivas têm que ser aplicadas. A primeira coisa a fazer é um estudo do projeto elétrico e a inspeção da instalação, é preciso comparar as cargas previstas em projeto com aquelas que estão efetivamente conectadas ao circuito. E depois, ainda, verificar se as bitolas dos cabos e a respectiva proteção estão adequadas e usadas, conforme recomenda a NBR 5410:2004.

Figura 2.25 Redistribuição de energia por meio de uma única fonte.

AUMENTO DE CARGA DA INSTALAÇÃO SEM REDIMENSIONAMENTO

É muito comum em instalações antigas, o aumento de carga (sobrecarga) sem a devida verificação técnica. Isso pode resultar em mau funcionamento dos equipamentos por excesso de queda de tensão e danos à isolação dos cabos. Essa é, também, uma das principais causas de curto-circuito que acarreta em incêndio de origem elétrica.

Quando se projeta uma edificação, o sistema elétrico deve ser planejado com o mesmo cuidado. Porém, em muitos casos, a rede elétrica acaba ficando defasada seja pelo tempo de construção, seja pelo fato de se acrescentar equipamentos que não estavam programados inicialmente, subdimensionando essa rede. Como as instalações elétricas ficam embutidas dentro das paredes, ou sobre o forro das edificações, quase sempre passam despercebidas.

Quando chega a hora de fazer uma reforma, normalmente, os cuidados ficam somente na troca de um revestimento, na pintura nova e no telhado. Pouca atenção é dada para as instalações prediais elétricas e hidráulicas. Enquanto o interruptor acender a lâmpada toda vez que for acionado e sair água da torneira toda vez que ela for aberta, o proprietário do imóvel vai se sentir satisfeito com as instalações. A fiação antiga, entretanto, pode estar provocando fuga de energia, elevando o valor da conta de energia elétrica e colocando em risco a segurança da residência sem o proprietário saber. Além de elevar o valor da conta de luz, instalações inadequadas podem provocar acidentes maiores, como choques, curtos-circuitos e até incêndios.

Não custa lembrar que o aumento da carga de uma instalação deve ser acompanhado sempre de uma revisão cuidadosa que identifique eventual incompatibilidade entre os componentes da instalação, principalmente dispositivos de proteção e linhas elétricas (fios, cabos e barras) e as novas demandas de consumo.

Os imóveis mais sujeitos às sobrecargas, comumente, são aqueles com idade superior a 15 anos. Os cabos elétricos e demais materiais usados nos sistemas elétricos prediais têm vida útil limitada, que, dependendo do uso e do local onde estão, podem sofrer degradação mais acelerada.

Para exemplificar o aumento de carga sem redimensionamento do sistema, basta imaginar um edifício construído na década de 1980. Naquela época, provavelmente tinha em cada apartamento uma televisão, uma geladeira, um aquecedor e uma lâmpada em cada cômodo.

Depois de 40 anos, cada apartamento desse edifício ganha, por exemplo, 15 pontos de lâmpadas, ar-condicionado em todos os dormitórios, banheira de hidromassagem, cafeteira, geladeira com água gelada, micro-ondas, lavadora de louças e um forno elétrico de elevada potência. Mesmo refazendo toda a instalação elétrica dentro do apartamento, os fios que ligam o quadro de distribuição de circuitos ao quadro principal do edifício, bem como as chaves, as quais ainda são do tipo "faca", continuam dimensionados para a infraestrutura de 1980.

De nada adianta um novo disjuntor de amperagem maior no quadro interno do apartamento, pois ele não vai desarmar quando houver sobrecarga e os fios subdimensionados vão "torrar" ocasionando curto-circuito e incêndios.

Obviamente, as edificações são executadas para durar muitos anos, mas com a rede elétrica não é a mesma coisa. Portanto, em prédios antigos cuja rede elétrica foi executada na época da construção, deve ser feita uma atualização para trocar os fios que possam estar subdimensionados ou desgastados, bem como uma revisão geral em todo o sistema elétrico.

Para realizar uma atualização na rede elétrica de um prédio antigo, é importante contratar um profissional qualificado e habilitado, como um engenheiro eletricista ou uma empresa especializada em instalações elétricas. Esses profissionais possuem o conhecimento técnico necessário para avaliar as condições da instalação elétrica existente e indicar as melhorias necessárias para garantir a segurança e eficiência energética do prédio. É importante que o serviço seja realizado seguindo as normas e regulamentações aplicáveis, garantindo a segurança dos usuários e a conformidade legal da instalação elétrica.

Figura 2.26 Verificação técnica de aumento de carga da instalação

QUALIDADE DA FIAÇÃO ELÉTRICA

A qualidade é um dos fatores determinantes na hora da escolha de fios e cabos. Para reconhecer a qualidade dos fios e cabos elétricos, é importante verificar a marcação do Inmetro, que garante que o produto atende aos requisitos de segurança e qualidade. Também é recomendado observar a espessura do condutor, o material da capa externa e a presença de blindagem. Além disso, é importante comprar os produtos em lojas e evitar preços muito baixos, que podem indicar baixa qualidade. Os condutores de segunda categoria, mais baratos, que deverão ser evitados, em geral são confeccionados com a reutilização de fios e até mesmo de material isolante, o que pode causar fissuras quando ocorrer aquecimento. Além de fuga de corrente, choques, curtos-circuitos e perigos de incêndio, esses fios e cabos mais baratos trazem em seu interior um cobre com altos índices de impurezas, que impedem a boa passagem de corrente elétrica e, consequentemente, aquecem, criando risco para as instalações elétricas, causando perda de energia e maiores gastos na conta de luz.

Para assegurar a qualidade dos fios e cabos, existem as normas brasileiras da ABNT. No Brasil, diversas empresas produzem fios e cabos de alta qualidade, algumas, inclusive, até superam o as exigências da ABNT.

Entretanto, é preciso tomar muito cuidado, pois alguns fabricantes chegam ao cúmulo de falsificar o selo do Inmetro, usando endereço e telefone falsos. A consequência, para o usuário, é o aquecimento dos condutores, perda de energia e conta de luz com valor lá em cima.

Além da má qualidade dos condutores, outro problema com os fios e cabos da rede elétrica diz respeito à falta de manutenção da instalação. Caso ela tenha mais de 10 anos, é importante realizar uma inspeção para determinar como está a fiação elétrica.

Como qualquer outro material, a fiação elétrica também acaba se deteriorando com o tempo, principalmente se outros problemas foram detectados na rede. Em razão disso, abre-se a possibilidade de curtos-circuitos diretamente com a estrutura do imóvel.

Se a capa de PVC de um fio acaba quebrando ou rachando, por exemplo, o cobre poderá entrar em contato com a madeira de forros ou do telhado e pode iniciar até um incêndio.

Outro problema com relação a fiação elétrica é que até a década de 1990, muitos prédios ainda utilizavam fios sólidos em suas instalações das áreas comuns, que apesar de não trazerem nenhum prejuízo à instalação, acabam sendo inconvenientes por um único motivo: a dificuldade de manutenção.

Por serem rígidos, torna-se quase impossível passar novos fios pelos eletrodutos (conduítes). Nesses casos, se houver a necessidade de aumentar a quantidade de circuitos, é aconselhável trocar todo o cabeamento por cabos flexíveis.

AS DIFERENÇAS ENTRE OS CONDUTORES FASE, NEUTRO E TERRA

Os fios e cabos elétricos são componentes muito importantes em uma instalação elétrica, pois possuem a função de levar a energia desde o padrão de entrada até os pontos de utilização, como tomadas de corrente e as lâmpadas.

Os fios fase e neutro são responsáveis pela alimentação dos equipamentos (nesse caso, a corrente elétrica entra por um fio e sai por outro). O terceiro fio, o TERRA, deve ser ligado ao sistema de aterramento da edificação. Normalmente esses fios saem do barramento de terra do quadro geral de disjuntores e chegam até a respectiva tomada do seu circuito.

É importante ressaltar que a Norma Brasileira de Instalações de Baixa Tensão, a ABNT NBR 5410:2004 determina que os fios e cabos elétricos tenham cores especificas ou que sejam claramente identificável por outros meios, como anilhas, etiquetas, entre outros.

FIO FASE

É o fio condutor em que existe a presença de tensão (127 V ou 220 V) ou ddp (diferença de potencial). Na linguagem da obra é o "condutor que possui carga".

FIO NEUTRO

É um fio condutor que não possui tensão, portanto não está carregado. Em um circuito elétrico tem como função prover o retorno da corrente elétrica. O neutro é fundamental para o equilíbrio da instalação porque ele é o ponto de referência para a fase de um circuito elétrico. Porém ele também pode ser usado para se fechar um circuito, permitindo a circulação de corrente elétrica.

O condutor neutro é necessariamente aterrado, de forma que possa proporcionar uma diferença de potencial em relação ao condutor fase e, consequentemente, a fluência da corrente elétrica.

Ao aterrar o condutor neutro, é possível criar uma referência de potencial zero para o sistema elétrico da residência, o que ajuda a proteger as pessoas e equipamentos em caso de falhas elétricas, como um curto-circuito. Além disso, a conexão do condutor neutro ao aterramento também ajuda a estabilizar a tensão do sistema elétrico, permitindo a possibilidade de flutuações de tensões perigosas.

FIO RETORNO

Nas instalações elétricas de iluminação acionadas por interruptores, o condutor fase chega em um dos polos do interruptor, no outro polo sai um condutor, denominado de retorno, que chega na lâmpada. Ao acionar o interruptor, o condutor de retorno recebe a corrente da fase que acende a lâmpada, fechando o circuito pelo neutro que chega na lâmpada.

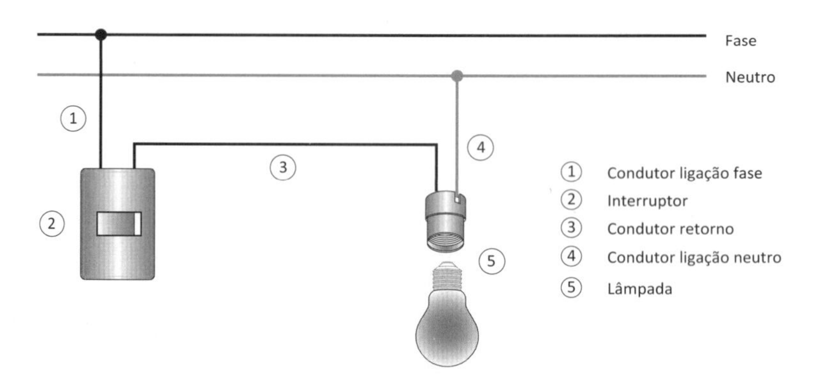

Figura 2.27 Esquema de ligação (fase, neutro e retorno).

FIO TERRA

É o fio condutor de proteção (PE) que deve estar ligado ao sistema de aterramento da edificação. Sua função principal é proteger os usuários contra possível fuga de corrente, a qual provoca. É importante ressaltar que, dentre os três fios, o TERRA é o que possui a maior importância devido à segurança.

CONDUTOR NEUTRO SOBRECARREGADO

É importante ressaltar que cada circuito da instalação deverá ter seu próprio condutor neutro. Nos casos de circuitos monofásicos essa regra é essencial para que não haja sobreaquecimento dos cabos elétricos de neutro, a perda de um neutro, o famoso neutro interrompido, pode causar desequilíbrio nas tensões de uma instalação e queimar aparelhos eletrodomésticos.

Muitos instaladores, sem capacitação, que trabalham em instalações elétricas não entendem a função do condutor neutro e acham que ele pode ser sobrecarregado. Assim, puxam apenas um condutor neutro para toda a instalação e para as fases usam diâmetros corretos. Esse procedimento, feito em desacordo com a norma, resulta em correntes excessivas no neutro.

O desequilíbrio entre as fases e o neutro, em um circuito, pode causar sobrecarga no neutro, mas em hipótese alguma isso deve ser usado como justificativa para aumentar o dimensionamento do neutro. Neste caso, o equilíbrio das fases deve ser corrigido, a fim de reduzir qualquer possibilidade de sobrecarga nesse circuito.

PADRÃO DE CORES DE FIOS E CABOS ELÉTRICOS

A identificação da função dos condutores no sistema elétrico é obrigatória, mas não necessariamente por cores. Entretanto, é mais prático para o eletricista fazer a identificação dos condutores por cores. Os fios e cabos possuem isolação colorida para identificar a função de cada condutor e também facilitar os manuseios em manutenções futuras. Para as instalações elétricas de baixa tensão, a NBR 5410:2004 determina o padrão de cores que deve ser usado em condutores elétricos:

Condutor neutro (NBR 5410:2004, item 6.1.5.3.1)

Qualquer condutor isolado, cabo unipolar ou veia de cabo multipolar utilizado como condutor neutro, em caso de identificação por cor, deve ser usada a cor azul clara na isolação do condutor isolado ou da veia do cabo multipolar, ou na cobertura do cabo unipolar.

Nota: A veia com isolação azul clara de um cabo multipolar pode ser usada para outras funções, que não a de condutor neutro, se o circuito não possuir condutor neutro ou se o cabo possuir um condutor periférico utilizado como neutro.

Condutor de proteção (PE) utilizados no esquema TN-S (NBR 5410:2004, item 6.1.5.3.2)

Em qualquer condutor isolado, cabo unipolar ou veia de cabo multipolar utilizado como condutor de proteção (PE), em caso de identificação por cor, deve ser usada a dupla coloração verde-amarela ou a cor verde (cores exclusivas da função de proteção), na isolação do condutor isolado ou da veia do cabo multipolar, ou na cobertura do cabo unipolar.

A importância disso é garantir que o condutor de proteção seja claramente identificado e facilmente reconhecido em um circuito elétrico. O condutor de proteção é responsável por garantir a segurança das pessoas e dos equipamentos elétricos.

Se o condutor de proteção não for identificado corretamente, pode haver confusão com outros condutores no circuito elétrico, resultando em riscos para as pessoas e danos aos equipamentos elétricos. Além disso, a identificação correta do condutor de proteção é exigida pelas normas e regulamentos de segurança elétrica, como a NBR 5410:2004.

Por isso, a dupla cor verde-amarela ou a cor verde é usada como um padrão universal de identificação do condutor de proteção, garantindo que ele seja facilmente identificado e distinguido dos outros condutores em um circuito elétrico.

Condutor de proteção (PEN) utilizados no esquema TN-C (NBR 5410:2004 item 6.1.5.3.3)

Qualquer condutor isolado, cabo unipolar ou veia de cabo multipolar utilizado como condutor PEN, deve ser identificado de acordo com essa função. Em caso de identificação por cor, deve ser usada a cor azul-claro, com anilhas verde-amarelo nos pontos visíveis ou acessíveis, na isolação do condutor isolado ou na veia do cabo multipolar, ou na cobertura do cabo unipolar.

O condutor PEN é utilizado em sistemas elétricos onde o condutor de proteção (PE) e o condutor neutro (N) são combinados em um único condutor, o que é comum em instalações elétricas de baixa tensão. O condutor PEN é responsável por garantir a corrente elétrica entre as partes condutoras expostas dos equipamentos elétricos e o condutor de aterramento, que é conectado ao sistema de aterramento do local, além de permitir a passagem da corrente elétrica na rede elétrica.

A identificação do condutor PEN é importante para evitar confusões e garantir que ele seja facilmente identificado durante a instalação, manutenção e operação dos sistemas elétricos.

CONDUTOR FASE

De acordo com a NBR 5410:2004, para os demais fios e cabos (fases), não é prevista a utilização de nenhuma cor específica. Pode ser empregada qualquer cor, desde que não use as cores estabelecidas para os condutores de proteção. Qualquer condutor isolado, cabo unipolar ou veia de cabo multipolar, utilizado como condutor de fase deve ser identificado de acordo com essa função. Em caso de identificação por cor, é permitido o uso de qualquer cor, observadas as restrições estabelecidas na norma.

Por razões de segurança, não deve ser usada a cor de isolação exclusivamente amarela onde existir o risco de confusão com a dupla coloração verde-amarela, cores exclusivas do condutor de proteção.

É importante ressaltar que, em muitas instalações elétricas, o padrão oficial de cores não foi utilizado. Por isso, antes de fazer novas conexões, não se deve confiar somente nas cores dos fios, mas também, e principalmente, na função de cada condutor.

Para confirmar as funções dos condutores, deve-se consultar os diagramas da instalação, medir, com o multímetro, a tensão e a corrente, presentes em cada condutor, verificar na origem da instalação (quadro de distribuição de circuitos) quais foram os condutores utilizados para cada função.

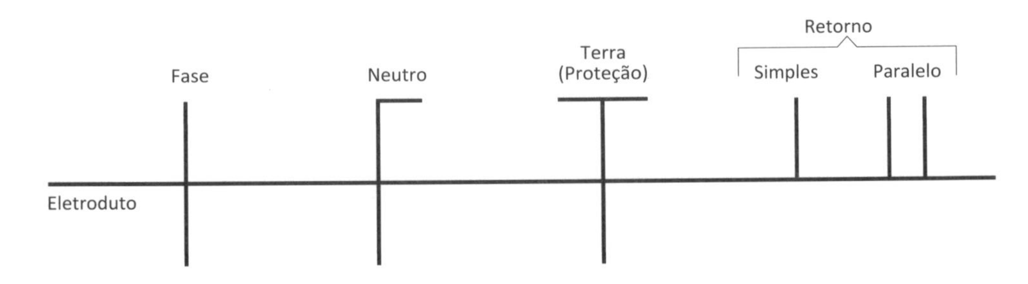

Figura 2.28 Simbologia de cores para condutores elétricos.

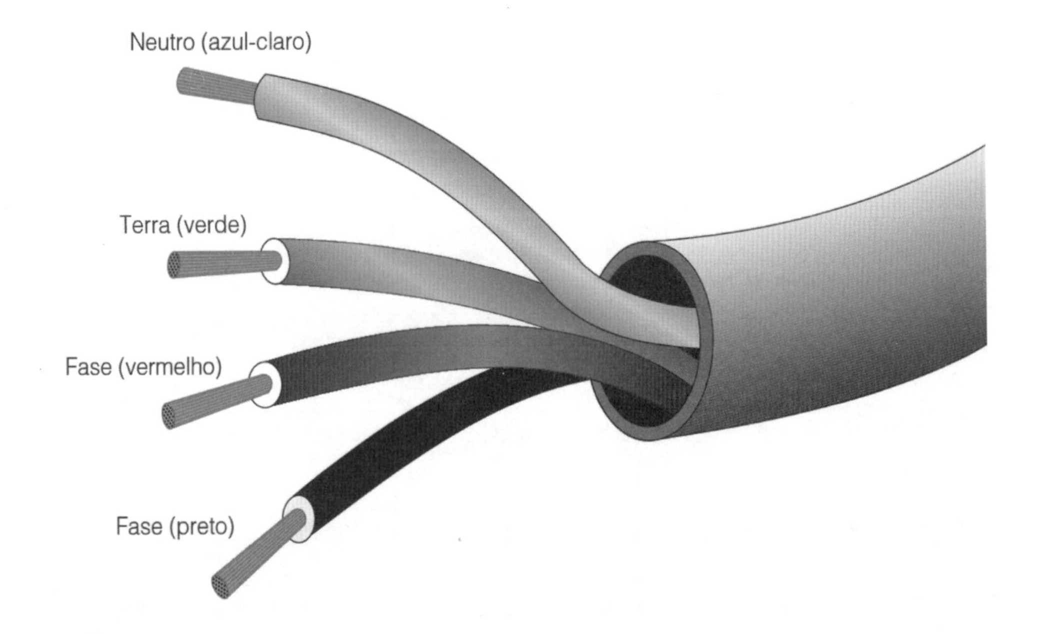

Figura 2.29 Identificação dos cabos flexíveis por meio de cores.

EXCESSO DE CONDUTORES EM ELETRODUTOS

Os eletrodutos são condutos (aparentes ou embutidos) destinados, exclusivamente, a conter ou abrigar os condutores elétricos, fazendo as ligações entre todos os pontos de eletricidade e os quadros de luz. Correspondem também a uma tubulação que protege e permite a fácil substituição dos condutores.

Eles têm a importante função de proteger os condutores contra ações mecânicas e contra corrosão; bem como proteger a edificação contra perigos de incêndio, resultantes do superaquecimento dos condutores.

As dimensões internas dos eletrodutos e respectivos acessórios de ligação devem permitir instalar e retirar facilmente os condutores ou cabos, após a instalação dos eletrodutos e acessórios. Para isso, é necessário que a taxa máxima de ocupação em relação à área da seção transversal dos eletrodutos não seja superior a:

- 53%, no caso de um condutor ou cabo;
- 31%, quando há dois condutores ou cabos;
- 40%, na situação de três ou mais condutores ou cabos.

Existe um método matemático que considera uma série de fatores para dimensionamento correto de um eletroduto. Devido a grande quantidade de variações na fabricação de cabos, no caso de instalações mais simples, pode ser usada a Tabela 2.3 de modo a referenciar e simplificar o dimensionamento dos eletrodutos. Essa tabela leva em consideração dois critérios, a quantidade de cabos em um eletroduto e a seção destes condutores.

É importante ressaltar que a tabela a seguir não é absoluta mas a sua consulta é simples e os dados são de fácil interpretação e há pouca margem de erro. Além disso, a Tabela já considera uma taxa adequada de ocupação para o eletroduto, a qual é importante para garantir a temperatura adequada dentro dele, bem como a facilidade de passagem de cabos e manutenção futura desses circuitos dentro do eletroduto.[5]

Tabela 2.3 Tabela de condutores por eletroduto

Seção do condutor mm^2	Número de condutores no mesmo eletroduto								
	1	2	3	4	5	6	7	8	9
	Diâmetro mínimo do eletroduto em polegadas								
1,5 mm^2	1/2	1/2	1/2	1/2	3/4	3/4	3/4	1	1
2,5 mm^2	1/2	1/2	1/2	3/4	3/4	1	1	1	1.1/4
4 mm^2	1/2	3/4	3/4	3/4	1	1	1.1/4	1.1/4	1.1/4
6 mm^2	1/2	3/4	1	1	1.1/4	1.1/4	1.1/4	1.1/4	1.1/2

5 MATTEDE, H. *Faça você mesmo - Eletricidade*. Disponível em: https://www.mundodaeletrica.com.br/tabela-de-dimensionamento-de-eletroduto/. Acesso em: 08 ago. 2021.

Seção do condutor mm²	Número de condutores no mesmo eletroduto								
	1	2	3	4	5	6	7	8	9
	Diâmetro mínimo do eletroduto em polegadas								
10 mm²	1/2	1	1.1/4	1.1/4	1.1/2	1.1/2	2	2	2
16 mm²	3/4	1.1/4	1.1/4	1.1/2	2	2	2	2	2.1/2
25 mm²	3/4	1.1/4	1.1/2	1.1/2	2	2	2.1/2	2.1/2	2.1/2

Nota: equivalência entre polegadas e milímetros

Polegadas	½"	¾"	1"	1¼"	1½"	2"	2½"	3"	4"
Milímetros	15	20	25	32	40	50	60	75	100

Observação

É extremamente importante fazer a conversão, pois a grande maioria dos eletrodutos são dimensionados em milímetros e em seguida devem ser encontrada sua equivalência em polegadas, pois é nesta unidade de medida que os fabricantes disponibilizam os eletrodutos.

EMENDAS OU CONEXÕES MALFEITAS ENTRE CONDUTORES

As emendas ou conexões malfeitas é um problema que se constata em muitas instalações elétricas, o que evidentemente está relacionado à mão de obra não especializada. A maior parte das manifestações patológicas nos circuitos da instalação acaba tendo como origem as emendas elétricas malfeitas, resultando em problemas, como: desperdício da energia elétrica, que além de representar um perigo para a instalação, causa perda de energia por Efeito Joule, fazendo com que haja uma redução na vida útil dos aparelhos; fuga de corrente; mau contato (ponto intermitente que funciona quando o contato se estabelece) etc.

As emendas, derivações entre condutores, além de conexões entre metais de diferentes características devem ser feitas por meio de técnicas específicas, com uso de conectores específicos. Caso contrário, pode resultar em isolação malfeita, derretimento da isolação dos cabos, incêndios ou corrosão.

Um produto que tem um uma importância fundamental nos reparos e emendas é a fita isolante. Ela isola e separa a parte energizada da fiação, permitindo com isso seu contato com o corpo de uma pessoa e o contato sem curto circuito com outros fios.

Também é fundamental destacar que as emendas devem ser feitas sempre no interior das caixas de derivação ou de passagem (veja Figura 2.31), e nunca no interior de eletrodutos.

Quando as emendas são realizadas dentro de eletrodutos podem ser difíceis de serem inspecionadas e corrigidas, dificultando a manutenção e a detecção de problemas. Além disso, as emendas realizadas dentro de eletrodutos podem ser difíceis de serem inspecionadas e corrigidas, dificultando a manutenção e a detecção de problemas.

Por outro lado, fazer emendas dentro de caixas de derivação ou de passagem é uma prática segura e eficaz. As caixas devem ser instaladas em locais facilmente acessíveis, garantindo a segurança e a proteção dos usuários e dos equipamentos elétricos.

Figura 2.30 Conexões malfeitas.

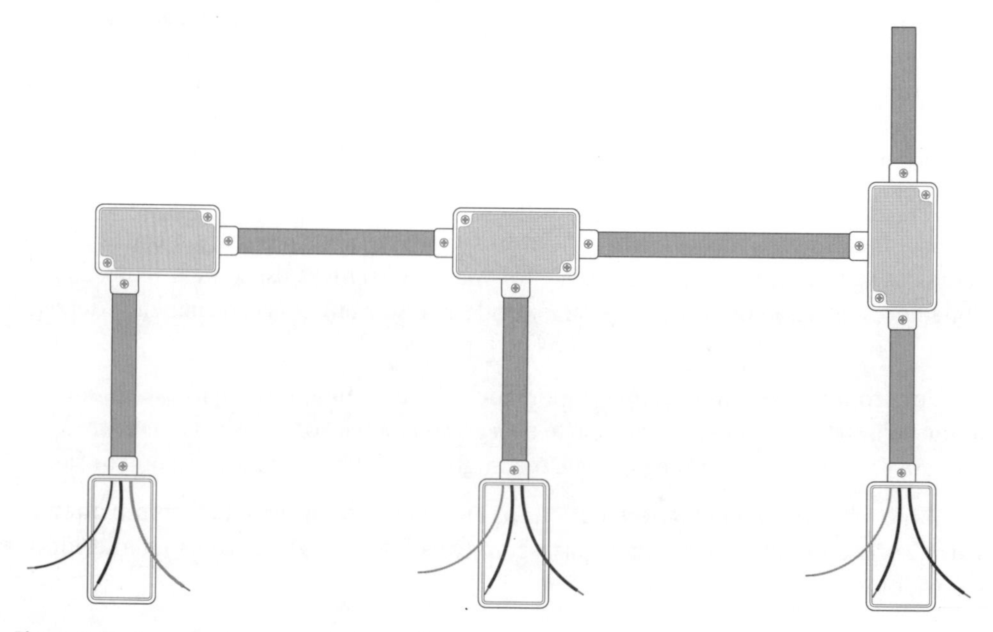

Figura 2.31 Emendas nas caixas de derivação.

FUGA DE CORRENTE

Primeiramente, é preciso esclarecer que existe uma grande diferença entre fuga de corrente elétrica e curto circuito. Não tem nada absolutamente a ver com curto circuito. A fuga de corrente ocorre quando o fluxo de energia escapa dos fios e dos condutores de maneira inesperada, como se fosse um "vazamento" de eletricidade. Esse incidente pode ser provocado por vários motivos, entre eles:

- baixa isolação, cabos desencapados, cabos rompidos (no caso de estar encostado em uma carcaça ou uma massa);
- baixa impedância (baixa resistência da capa do fio) e mau isolamento de cabo são fatores que provocam fuga de corrente;
- defeitos de componentes em um circuito ou aparelho etc.

A fuga de energia é um problema considerado comum e, se não for identificado a tempo, pode gerar consequências graves e danos irreversíveis, desde a perda de aparelhos até o risco de choque, além de resultar em um significativo aumento na conta de luz. Para se ter uma ideia desse desperdício, a fuga de energia pode comprometer 30% do valor da conta, mas há casos que chegam a 50%. Isso pode ser causado, por exemplo, por um cabo sem isolamento em contato com alguma parte metálica. Portanto, se algum equipamento na residência, como portão, torneira, geladeira, chuveiro, estiver dando choque, é sinal de que há fuga e é necessário procurar um profissional para detectar o problema.

A fuga de energia é mais comum em instalações antigas e também pode ocorrer em instalações onde não foi feito o dimensionamento de forma correta. Um teste rápido e simples ajuda a identificar se há problemas na residência. Basta desligar todos aparelhos e retirá-los da tomada. Apague também as luzes e observe o relógio medidor de energia. O disco ou a marcação digital ainda pode girar até completar uma volta, mas se ele não parar significa que existe fuga de corrente. Se o medidor ainda está registrando o consumo de energia será necessário identificar onde está o ponto de fuga de corrente.

Para isso, os aparelhos devem ser colocados um de cada vez na tomada, mas sem ligá-los. Caso o disco de energia comece a girar, o defeito está na tomada ou no aparelho que está sendo testado. Contudo, quando o medidor gira mesmo quando os outros eletrodomésticos foram testados, significa que o defeito está na tomada.

No caso dos eletrodomésticos, a fuga ocorre quando há falha no cabo interno ou em algum componente do aparelho, o que pode fazer com que ele fique com a carcaça energizada.

Também é possível identificar a fuga de energia ao tocar na parede próxima aos interruptores. Se ela estiver aquecida ou der choque, provavelmente o motivo se deve a um vazamento de eletricidade, o que pode resultar até mesmo em perda de equipamentos ou incêndio. Para detectar fugas de corrente é fundamental contratar um profissional especializado para fazer alguns testes, o que evita uma série de problemas.

Uma ferramenta de proteção eficiente para fuga de corrente em residências é o Disjuntor Diferencial Residual (DR). Ao ser instalado, ele desarma quando há uma fuga de corrente, fazendo com que o fluxo de energia pare e os danos sejam evitados. Nesse caso, a falha deve ser identificada manualmente e com o sistema desarmado, após a correção, poderá ser religado.[6]

Para evitar problemas, como fuga de energia, devem ser realizadas revisões regularmente e em intervalos apropriados, levando em consideração a idade da instalação, sua utilização, a carga elétrica, as condições ambientais e outros fatores relevantes.

O aparelho utilizado para detectar fugas de corrente em instalações prediais já existentes é um multímetro com a função de medição de corrente de fuga ou um alicate amperímetro que possua essa função.

Esses equipamentos podem ser utilizados para medir a corrente elétrica que está saindo da instalação e comparar com a corrente que está entrando, verificando se há alguma diferença que possa indicar uma fuga de corrente elétrica.

No entanto, é importante ressaltar que as revisões para a detecção de fugas de corrente, em instalações elétricas prediais, devem ser realizadas por profissionais capacitados e experientes, seguindo as normas técnicas e regulamentações aplicáveis. Além disso, é recomendado que seja realizado um diagnóstico completo da instalação elétrica para identificar e corrigir possíveis problemas de forma adequada e segura.

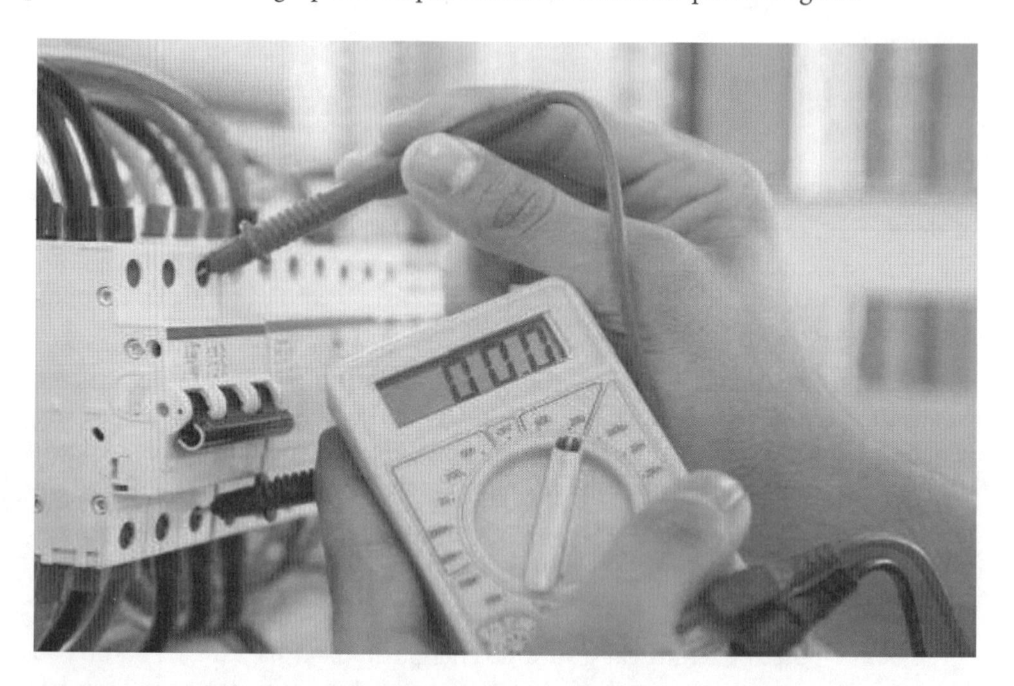

Figura 2.32 Teste para verificação de fuga de energia.

6 FUGA de energia: saiba como identificar e eliminar esse problema. *ITC*. Disponível em: http://itc.com.br/fuga-de-energia/. Acesso em: 12 jan. 2022.

CURTOS-CIRCUITOS

Os curtos-circuitos são acidentes elétricos que podem causar sérios danos ao sistema elétrico da edificação. Eles são assim chamados porque representam o caminho mais curto que a corrente elétrica pode realizar em um circuito. Sem dúvida são os principais problemas das instalações elétricas e também um dos mais perigosos. O curto-circuito é um dos principais causadores de incêndios em instalações elétricas mal projetadas ou mal executadas e, principalmente, mal conservadas, que possuem constante movimentação elétrica.

Em geral, o curto-circuito ocorre quando a quantidade de corrente no sistema é superior em relação à carga que o condutor suporta. Por isso, os disjuntores desarmam, como forma de prevenir a ocorrência dos curtos.

Normalmente, erros de dimensionamento e fios desencapados são os maiores provocadores de curtos-circuitos em instalações residenciais, comerciais e industriais. As consequências de um curto-circuito podem ser: dano ao aparelho, choques elétricos e até mesmo um incêndio.

Por incrível que pareça, é possível evitar curtos-circuitos adotando medidas simples de prevenção, como[7]:

- verificação das tomadas antes de usá-las, principalmente, tomadas antigas;
- fios desencapados, bitolas menores do que o recomendado etc.;
- verificação dos aparelhos eletrônicos antes de usá-los (curtos-circuitos podem ser causados por fiação ou circuito defeituoso do não apenas ajudará a impedir que curtos-circuitos aconteçam, como também diminuirá os danos caso ocorra uma sobrecarga de energia);
- manutenção nos disjuntores (os disjuntores, localizados no painel elétrico, são desligados quando as correntes elétricas são consideradas instáveis).

Além dessas medidas simples de proteção contra curtos-circuitos, também é importante fazer uma revisão das instalações a cada cinco anos, pois, toda edificação está fadada ao desgaste natural decorrentes da ação do tempo sobre suas estruturas.

As instalações elétricas também envelhecem e necessitam de uma atualização, principalmente porque a tecnologia avança, "forçando" os moradores e/ou usuários da instalação a comprar cada vez mais equipamentos eletrônicos modernos.

Por meio de uma revisão na instalação elétrica, é possível identificar e impedir a ocorrência de curtos-circuitos. As revisões também ajudam a conservar a instalação elétrica, tomadas e todos os componentes do sistema elétrico. Portanto, deve-se ficar atento, pois essas medidas podem evitar prejuízos e salvar vidas.

---

7 FUGA de energia: saiba como identificar e eliminar esse problema. *ITC*. Disponível em: https://qualifio.org.br/blog/dicas-simples-para-evitar-um-curto-circuito. Acesso em: 12 jan. 2022.

Figura 2.33 Teste para detectar curtos-circuitos.

CHOQUES ELÉTRICOS

É a passagem de uma corrente elétrica através do corpo, utilizando-o como um condutor. Essa passagem de corrente pode causar em um indivíduo somente um susto, podendo também causar queimaduras, ferimentos, parada cardíaca ou até mesmo a morte.

Mesmo parecendo incomum em nosso dia a dia, o número de internações e mortes causadas por choques elétricos é bastante elevado. A gravidade das consequências varia de acordo com o fluxo de corrente elétrica. Então, quanto menor a corrente e mais rápido a pessoa for socorrida, mais brandas podem ser as sequelas. Algumas delas são náuseas, queimaduras, tonturas, alteração no batimento cardíaco, formigamento e ardência.

Felizmente, os choques elétricos são acidentes que podem ser facilmente evitados, muitas vezes dependem apenas da adoção de medidas simples de segurança, que contribuem para a redução desse risco tanto em nossas casas, como no trabalho e até mesmo na rua.[8]

Figura 2.34 Acidente por choque elétrico

8 http://www.saude.sp.gov.br/resources/sucen/homepage/outros-destaques/jornada-a-distancia/13_-_choque_eletrico.pdf

TIPOS DE CHOQUES ELÉTRICOS

Há três tipos de choques elétricos: dinâmico, estático e descargas atmosféricas. O choque elétrico dinâmico é aquele no qual a pessoa fica exposta à rede elétrica enquanto toma o choque. Já o estático acontece quando o ser humano é exposto à eletricidade estática, é aquele choque que recebemos quando tocamos na maçaneta, por exemplo, é um choque de pequena duração. Por último, o produzido por descarga atmosférica (raios) é extremamente perigoso, ocorre quando a descarga de energia atmosférica entra em contato direta ou indiretamente com uma pessoa.

CHOQUES ELÉTRICOS EM ÁREAS MOLHADAS

Quando se trata de áreas molhadas (banheiro, cozinha e área de serviço) é preciso ter muito cuidado com as instalações elétricas para evitar acidentes que possam resultar em choques elétricos.

Para evitá-los, é preciso ter uma atenção redobrada nesses locais: instalar as tomadas com uma distância razoável das fontes de água, tendo em vista que ela conduz eletricidade, assim, manter as tomadas fora do seu alcance reduz as chances de choques elétricos.

O manuseio de aparelhos com o corpo molhado, e/ou em superfícies ou áreas que contém água, como pias, banheiras, chuveiro, piscinas etc, deve ser evitado. Não utilizar também ferramentas elétricas ao ar livre, em condições de umidade. Caso deixe cair acidentalmente um equipamento na água enquanto está conectado, não tentar recuperá-lo ou desconectá-lo.

Particularmente, no banheiro as pessoas estão bastante desprotegidas contra eventuais choques elétricos. Essa desproteção acontece devido as pessoas estarem sem roupa e com o corpo molhado. Nesse cômodo da casa, o choque elétrico ocorre devido as correntes de fuga, que surgem a partir da resistência elétrica do chuveiro. Encanamentos metálicos, ou a própria água, conduzem a eletricidade que "escapa" da resistência até o registro, em geral fabricado em material metálico. Quando se toca o registro, a eletricidade pode fluir para a terra através da pessoa, que molhada e nua, está em situação bastante vulnerável.

O condutor de proteção (ou terra) tem a importante função de permitir um caminho mais fácil para a eletricidade que foge da resistência do chuveiro (ou outro equipamento elétrico), evitando que ela atravesse o corpo de uma pessoa. Esse condutor costuma ser indicado pela cobertura na cor verde, ou verde e amarela, e deve ser conectado ao sistema de aterramento elétrico da residência.

Se no ponto de instalação do chuveiro existem apenas dois fios chegando (fase + neutro ou fase + fase), deve-se instalar o condutor de proteção entre o chuveiro e o quadro de distribuição, conectando-o na barra de aterramento. A área da seção do condutor de proteção deverá ser a mesma empregada nos condutores carregados, utilizando um cabo ou fio de cobre com isolação na cor verde e conectado ao fio de mesma cor do chuveiro, através de um conector adequado.

Para saber se uma torneira ou chuveiro elétrico está dando choque, pode-se utilizar uma chave teste ou um multímetro em tensão alternada na escala de 220 Volts, colocando a ponta da pinça positiva na carga a ser testada e aterrar a pinça negativa. A constatação de alguma tensão no multímetro é um indicativo de que sua torneira ou chuveiro está energizado. Algumas pessoas seguram a ponta de prova negativa para realizar o teste, entretanto, havendo falha no equipamento, poderá ocorrer um acidente. É importante salientar que esses testes devem ser feitos somente por profissionais capacitados e com equipamentos de segurança.

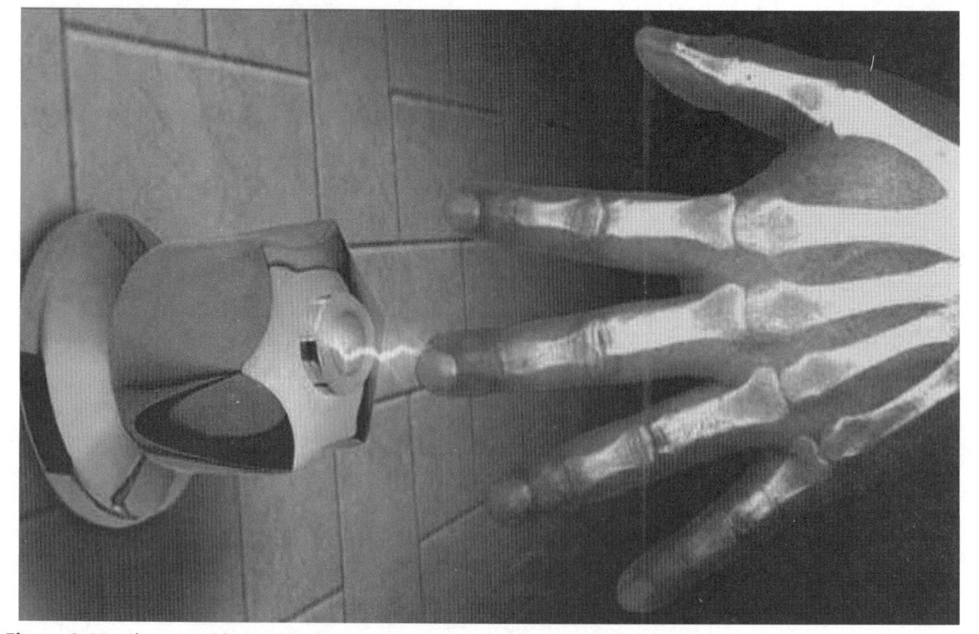

Figura 2.35 Choque elétrico em área molhada.

COMO EVITAR CHOQUES ELÉTRICOS

Algumas das medidas mais importantes para prevenir choques elétricos incluem a contratação de profissionais qualificados para realizar a instalação elétrica em sua casa ou empresa, a utilização de equipamentos de proteção individual ao manusear aparelhos elétricos, o uso de dispositivos de segurança como disjuntores e aterramentos, a manutenção preventiva da rede elétrica e dos aparelhos elétricos e conscientização sobre o uso seguro da eletricidade em casa e no trabalho. Ao adotar essas medidas, é possível garantir a segurança de todos que convivem em um ambiente eletrificado, prevenindo acidentes e garantindo a tranquilidade de todos.

Há diversas medidas que podem ser tomadas para evitar choques elétricos, tais como:

- não utilizar eletrodomésticos e eletroeletrônicos com fios danificados;
- verifique se os cabos e fios elétricos estão em boas condições e sem danos antes de usá-los;
- manter os fios da sua instalação e de aparelhos eletrônicos encapados;
- nunca manusear aparelhos com o corpo molhado;
- em caso de choque elétrico, desligue a energia imediatamente e procure ajuda médica;
- tenha um kit de primeiros socorros e um extintor de incêndio próximo às instalações elétricas;
- fazer o aterramento elétrico (é uma das opções mais seguras para proteger a instalação);
- desligar a chave geral, antes trocar lâmpada, chuveiro, torneira elétrica ou coisas do tipo;
- não tente consertar equipamentos elétricos por conta própria, sempre busque um profissional capacitado;
- ao mexer em instalações elétricas usar sapato de borracha, que funciona como isolante;
- usar luvas também isolantes;
- usar ferramentas isoladas (revestidas de plástico);
- nunca mudar a temperatura do chuveiro quando ele estiver ligado ou com o corpo molhado;
- observar se os pinos combinam com a tomada. Jamais forçar essa conexão.
- nunca coloque objetos metálicos em contato com equipamentos elétricos em funcionamento;
- nunca colocar os dedos ou objetos inapropriados dentro da tomada;
- mantenha as crianças longe de equipamentos elétricos e tomadas;
- instalar protetores em todas as tomadas, principalmente se tiver crianças e/ou animais na residência;
- não ligar vários aparelhos na mesma tomada;
- evitar sobrecarga com a utilização de benjamins ("T");
- evitar a utilização de réguas de tomadas e cabos de extensão;
- verificar se a voltagem dos equipamentos e da instalação são compatíveis;
- não mexer na instalação elétrica caso não entenda do assunto;
- esteja sempre atento aos sinais de perigo, como choques elétricos, cheiros de queimado e faíscas, e tome as medidas necessárias para evitá-los;
- realizar a manutenção da instalação a cada cinco anos, no máximo dez;
- contratar sempre profissionais capacitados para fazer a manutenção das instalações.

Figura 2.36 Protetor para tomada.

Fonte: Kuka

NORMAS APLICÁVEIS EM PROJETOS DE SISTEMAS ELÉTRICOS PREDIAIS

As principais normas da ABNT aplicáveis em instalações elétricas prediais são:

ABNT NBR 5410:2004 – Instalações elétricas em baixa tensão.

ABNT 5444:1989 – Símbolos gráficos para instalações elétricas prediais.

ABNT 5147:2004 – Plugues e tomadas para usos domésticos.

ABNT 5597:2013 – Eletrodutos rígidos de aço carbono com revestimento protetor com rosca ANSI.

ABNT 6150:2007 – Eletrodutos de PVC rígidos – Especificação.

ABNT NBR 5361:1998 – Disjuntores de baixa tensão.

ABNT NBR 5419:2015 – Proteção de estruturas contra descargas atmosféricas (para-raio).

ABNT NBR 12483:2015 – Chuveiros elétricos.

ABNT NBR 13554:2012 – Instalações elétricas de baixa tensão – Requisitos específicos para instalação em estabelecimento de saúde.

ABNT 14011:2015 – Aquecedores instantâneos de água e torneiras elétricas – Requisitos.

ABNT 15465:2020 – Sistemas de eletrodutos plásticos para instalações elétricas de baixa tensão – Requisitos de desempenho.

NR 10 – Segurança em instalações e serviços em eletricidade.

Referências

ASSOCIAÇÃO BRASILEIRA DE NORMAS TÉCNICAS. *NBR13752*: Perícias de engenharia na construção civil. Rio de Janeiro: ABNT, 1996.

ASSOCIAÇÃO BRASILEIRA DE NORMAS TÉCNICAS. *NBR 14037*: Manual de operação, uso e manutenção das edificações - Requisitos para elaboração e apresentação dos conteúdos. Rio de Janeiro: ABNT, 1998.

ASSOCIAÇÃO BRASILEIRA DE NORMAS TÉCNICAS. *NBR 5410*: Instalações Elétricas de Baixa Tensão: Procedimentos. Rio de Janeiro: ABNT, 2004.

ASSOCIAÇÃO BRASILEIRA DE NORMAS TÉCNICAS. *NBR 5674*: Manutenção de edificações — Requisitos para o sistema de gestão de manutenção, Rio de Janeiro, ABNT, 2012.

ASSOCIAÇÃO BRASILEIRA DE NORMAS TÉCNICAS. *NBR 5419*: Proteção de Estruturas Contra Descargas Elétricas Atmosféricas. Rio de Janeiro, ABNT, 2015.

ASSOCIAÇÃO BRASILEIRA DE NORMAS TÉCNICAS. *NBR 16280*. Diretrizes para elaboração de manuais de uso, operação e manutenção das edificações — Requisitos para elaboração e apresentação dos conteúdos. Rio de Janeiro: ABNT, 2020.

ASSOCIAÇÃO BRASILEIRA DE NORMAS TÉCNICAS. *NBR16747*: Inspeção predial - Diretrizes, conceitos, terminologia e procedimento. Rio de Janeiro: ABNT, 2020.

ASSOCIAÇÃO BRASILEIRA DE NORMAS TÉCNICAS. *NBR 15575-1: Edificações habitacionais - Desempenho*. Rio de Janeiro: ABNT, 2021.

BRAGA, C. N. *Instalações elétricas sem mistério*. 1. ed. São Paulo: Editora Saber, 1999.

BRASIL. Ministério do Trabalho e Emprego. *NR 10 - Segurança em Instalações e Serviços em Eletricidade*. Brasília: Ministério do Trabalho e Emprego, 2019. Disponível em: https://www.gov.br/trabalho-e-previdencia/pt-br/composicao/orgaos-especificos/secretaria-de-trabalho/inspecao/seguranca-e-saude-no-trabalho/normas-regulamentadoras/nr-10.pdf. Acesso em: 06 ago. 2022.

BRASIL. Lei nº. 8.078, de 11 de setembro de 1990. *Código de Defesa do Consumidor*. Dispõe sobre a proteção do consumidor e dá outras providências. Disponível em: http://www.planalto.gov.br/ccivil_03/Leis/L8078.htm. Acesso em: 06 ago. 2022.

BRASIL. Lei nº 10.406, de 10 de janeiro de 2002. Institui o Código Civil. *Diário Oficial da União*: seção 1, Brasília, DF, ano 139, n. 8, p. 1-74, 11 jan. 2002

CARVALHO JR., R. *Instalações elétricas e o projeto de arquitetura*. 9. ed. São Paulo: Blucher, 2020.

CARVALHO JR., R. *Patologia dos sistemas prediais hidráulicos e sanitários*. 4. ed. São Paulo: Blucher, 2020.

CAVALIN, G.; CERVELIN, S. *Instalações elétricas prediais*. 19. ed. São Paulo: Érica, 2009.

COTRIM A.A.M.B. *Instalações elétricas*. 4. ed. São Paulo: Prentice Hall, 2003.

CREDER H. *Instalações elétricas 17 ed*. Rio de Janeiro: Editora LTC, 2021.

CPFL - COMPANHIA PAULISTA DE FORÇA E LUZ, 2016.

- GED-10126 – *Fornecimento em Tensão Secundária de Distribuição - Ramal de Entrada Subterrâneo*, 2016.
- GED-119 – *Fornecimento de Energia Elétrica a Edifícios de uso Coletivo*, 2016.
- GED-13 – *Fornecimento em Tensão Secundária de Distribuição*, 2016.
- GED-16800 – *Considerações transição RIC BT x GED 13*, 2016.
- GED-18334 – *Padrão de Entrada para Atendimento de Clientes BT em Área de Uso Comum*, 2016.
- GED-4621 – *Medição agrupada para fornecimento em tensão secundária de distribuição*, 2016.
- GED-6120 – *Sistema CPFL de Projetos Particulares Via Internet – Fornecimento a Edifícios de Uso Coletivo*, 2016.

ELAT – Grupo de Eletricidade Atmosférica de Proteção contra Raios. *Cartilha de Proteção contra Raios*. PDF. 1. ed. Brasília, 2020. Disponível em: http://www.inpe.br/webelat/docs/Cartilha_Protecao_Contra_Raios_Brasil_2020.pdf. Acesso em: 15 jan. 2022.

GAMEIRO M. Como se prevenir contra oscilações do fornecimento de energia. *Revista digital AECweb*. Disponível em https://www.aecweb.com.br/cont/a/como-se-prevenir--contra-oscilacoes-do-fornecimento-de-energia_3125 acesso em 10/01/2022.

MATTEDE, H. *Faça você mesmo – Eletricidade*. Disponível em https://www.mundodaeletrica.com.br/tabela-de-dimensionamento-de-eletroduto/ Acesso em 08 ago. 2021.

NAKAMURA, J. Check-up predial. *Téchne*, São Paulo, Pini, n. 184, p. 44-51, jul. 2012.

NASCIMENTO, R. E. Patologia das construções devido ao tempo de uso: ênfase em instalações. Trabalho de Conclusão de Curso (Especialização) – Universidade Tecnológica Federal do Paraná, Curitiba, 2014. Disponível em: http://repositorio.utfpr.edu.br/jspui/bitstream/1/19794/2/CT_CEPAC_V_2014_10.pdf. Acesso em: 22 ago. 2019.

ROCHA, H. F. Importância da manutenção predial preventiva. *Holos*, ano 23, v. 2, 2007.

ORTIZ, E. 5 erros comuns na instalação de um SPDA. *Universo Lambda*, 2017. Disponível em: https://universolambda.com.br/5-erros-comuns-na-instalacao-de-um--Spda/. Acesso em: 14 jan. 2022.

SITES E BLOGS PESQUISADOS

4 FALHAS comuns em instalações elétricas prediais. *C3 Clube da Construção Civil*. Disponível em: https://c3clube.com.br/4-falhas-comuns-em-instalacoes-eletricas-prediais/. Acesso em: 12 jan. 2022.

5 RISCOS ocultos em instalações antigas. *Engenharia 360*, 2020. Disponível em: https://engenharia360.com/risco-oculto-em-instalacoes-eletricas-antigas/. Acesso em: 15 jan. 2022.

A IMPORTÂNCIA das normas de eletricidade NBR 5410 e NR-10. *90 TI*. Disponível em: https://noventa.com.br/nbr-5410-e-nr-10/. Acesso em 15 jan. 2022.

AVERIGUAÇÃO de instalações elétrica do imóvel. *FlexPro Sistemas*, 2020. Disponível em https://flexpro.com.br/averiguacao-de-instalacoes-eletricas-do-imovel/. Acesso em: 12 jan. 2022.

CHUVEIRO dando choque? Como resolver? *G20 Brasil*, 2017. Disponível em: http://www.g20brasil.com.br/chuveiro-dando-choque-como-resolver/. Acesso em: 14 jan. 2022.

COMO corrigir mau contato na tomada. *Net Elétrica*. Disponível em https://blog.neteletrica.com.br/mau-contato-na-tomada/. Acesso em: 30 set. 2022.

COMO cuidar de instalações elétricas prediais. *Hub ideias*. Disponível em: https://www.ohub.com.br/ideias/instalacoes-eletricas-prediais/. Acesso em: 15 jan. 2022.

COMO funciona um Para-Raio. *Como funciona*. Disponível em: https://comofuncionam.com.br/como-funciona-um-para-raio/. Acesso em: 15 ago. 2022.

CONHEÇA 14 maneiras de evitar choques elétricos em casa ou no trabalho. *A2M1 Engenharia Ltda*. Disponível em: https://a2m1engenharia.com.br/conheca-14-maneiras--de-evitar-choques-eletricos-em-casa-ou-no-trabalho/. Acesso em: 14 jan. 2022.

CONHEÇA as tomadas TUG e TUE e confira dicas de compra. *Elbran Materiais Elétricos*, 2017. Disponível em http://blog.elbran.com.br/2017/11/22/conheca-tomadas--tug--e-tue-e-confira-dicas-de-compra/. Acesso em: 15 jan. 2022.

FUGA de energia: saiba como identificar e eliminar esse problema. *ITC*. Disponível em: http://itc.com.br/fuga-de-energia/. Acesso em 12 jan. 2022.

FUGA de energia: saiba como identificar e eliminar esse problema. *ITC*, 2020. Disponível em:https://qualifio.org.br/blog/dicas-simples-para-evitar-um-curto-circuito. Acesso em; 13 jan. 2022.

GUIA completo sobre manutenção elétrica. *Triider*, 2018. Disponível em: https://www.triider.com.br/blog/guia-sobre-manutencao-eletrica/. Acesso em: 09 jan. 2022.

ÍNDICE de proteção IP. *Legrand*, 2017. Disponível em: http://www.legrand.com.br/blog/noticias/referencias/indice-de-protecao-ip. Acesso em: 11 jan. 2022.

INSTALAÇÃO elétrica defasada é foco de riscos e problemas. *Prysmian*. Disponível em:http://www.housepress.com.br/siteprysmian/eletricistaprofissional/historico/Artigos%20t%C3%A9cnicos%202_PR%20Fase%203.pdf. Acesso em 13 jan. 2022.

INSTALAÇÃO elétrica predial: saiba o que é necessário e como fazer a manutenção. *JMC*. Disponível em https://jmc.com.br/instalacao-eletrica-predial/. Acesso em: 16 jan. 2022.

INSTALAÇÃO elétrica tem prazo de validade? *Elbran Materiais Elétricos*, 2017. Disponível em: http://blog.elbran.com.br/2017/10/25/instalacao-eletrica-tem-prazo-de--validade/. Acesso em: 15 jan. 2022

INSTALAÇÕES elétricas: diferentes patologias. *Monte Pascoal*, 2019. Disponível em: http://www.imontepascoal.com/noticias/29082019/instalacoes-eletricas-diferentes--patologias/. Acesso em 09 jan. 2022.

INSTALAÇÕES elétricas: o guia prático para a sua residência. *Eletroluz Materiais Elétricos*, 2020. Disponível em https://www.eletroluz.net/blog/instalacoes-eletricas--o-guia--pratico-para-a-sua-residencia/. Acesso em: 08 jan. 2022.

INSTALAÇÕES elétricas: qual sua importância e tipos. *Instil Elétrica, Hidráulica e Redes de Telefonia*. Disponível em: https://instilservice.com.br/blog/2018/06/29/instalacoeseletricas/#:~:text=Podemos%20definir%20que%20existem%20tr%C3%AAs,s%C3%A3o%20parecidas%20com%20as%20resid%C3%AAncias. Acesso em: 08 jan. 2022.

MANUAL PRYSMIAN DE INSTALAÇÕES ELÉTRICAS. Disponível em: https://br.prysmiangroup.com/sites/default/files/atoms/files/Manual_Instalacoes_Eletricas.pdf. Acesso em: 08 jan. 2022,

MANUTENÇÃO elétrica predial: 5 itens para o síndico prestar atenção. *Fiber Sals*. https://fibersals.com.br/blog/manutencao-eletrica-predial/. Acesso em: 16 jan. 2022.

MANUTENÇÃO preventiva em instalações elétricas. Eletro Energia Materiais Elétricos. Disponível em https://eletroenergia.com.br/instalacoes-eletricas/manutencao--preventiva-em--instalacoes-eletricas/. Acesso em: 08 jan. 2022.

NR 10 – Segurança em Instalações e Serviços em Eletricidade. Brasília: Ministério do Trabalho e Emprego, 2004.

O QUE é grau de proteção (IP)? *Fibracem*, 2021. Disponível em: https://www.fibracem.com/o-que-e-grau-de-protecao-ip/. Acesso em 11 jan. 2022.

POR QUE minhas lâmpadas continuam queimando? *Eletricista 24 horas*, 2021. Disponível em: https://eletricista24hs.com.br/por-que-minhas-lampadas-continuam--queimando/. Acesso em: 15 jan. 2022.

QUANDO é hora de trocar a fiação elétrica do imóvel. *Blog do Eletricista. Esgotecnica.* Disponível em: https://www.eletricista.srv.br/quando-e-hora-de-trocar-fiacao-eletrica-do-imovel/. Acesso em 10 jan. 2022

REDES de Telefonia. *Instil Service*, 2018. Disponível em: https://instilservice.com.br/blog/2018/06/29/

REFORMA elétrica: 8 sinais de que a hora chegou! 2022. *DecorWatts*. Disponível em:http://blogdecorwatts.com/seguranca/reforma-eletrica-8-sinais/. Acesso em: 10 jan. 2022.

SAIBA quando é necessário reformar a instalação elétrica da sua casa. *Assessoria de imprensa da CPFL*, 2014. Disponível em: https://www.cpfl.com.br/noticia/saiba-quando-e--necessario-reformar-instalacao-eletrica-da-sua-casa. Acesso em: 09 jan. 2022.

SISTEMA de aterramento IT em arranjos fotovoltaicos. *Canal Solar*, 2020. Disponível em: https://canalsolar.com.br/sistema-de-aterramento-it-em-arranjos-fotovoltaicos/. Acesso em: 16 jan. 2022.

SOBRECARGAS elétricas podem ter origem em projeto subdimensionado. *AECweb*, 2017. Disponível em: https://www.aecweb.com.br/revista/materias/sobrecargas-letricas--podem-ter-origem-em-projeto-subdimensionado/15240. Acesso em: 19 jan. 2022.